物联网技术系列丛书

基于 Protues 的温度数据采集系统设计

王来志　王小平　杨定慧　著

西南交通大学出版社

·成都·

图书在版编目（ＣＩＰ）数据

基于 Protues 的温度数据采集系统设计 / 王来志，王小平，杨定慧著. 一成都：西南交通大学出版社，2017.6

（物联网技术系列丛书）

ISBN 978-7-5643-5508-1

Ⅰ.①基… Ⅱ.①王… ②王… ③杨… Ⅲ.①温度传感器–数据采集系统–系统设计 Ⅳ.①TP212.1

中国版本图书馆 CIP 数据核字（2017）第 135767 号

物联网技术系列丛书

基于 Protues 的温度数据采集系统设计

王来志　王小平　杨定慧　著

责 任 编 辑	黄庆斌
助 理 编 辑	黄冠宇
封 面 设 计	何东琳设计工作室
	西南交通大学出版社
出 版 发 行	（四川省成都市二环路北一段 111 号 西南交通大学创新大厦 21 楼）
发 行 部 电 话	028-87600564　028-87600533
邮 政 编 码	610031
网　　　　址	http://www.xnjdcbs.com
印　　　　刷	成都蓉军广告印务有限责任公司
成 品 尺 寸	170 mm × 230 mm
印　　　　张	13
字　　　　数	255 千
版　　　　次	2017 年 6 月第 1 版
印　　　　次	2017 年 6 月第 1 次
书　　　　号	ISBN 978-7-5643-5508-1
定　　　　价	68.00 元

前　言

　　本书的编写主要有两个目的：一是作为介绍传感器相关课程——温度数据采集系统设计方面的实训教材；二是作为模拟信息采集与分析从业人员工作时的参考资料。

　　信息科学是众多领域中发展最快的一门科学，也是当今最具有活力的学科之一。信息科学的四大环节（信息捕获、提取、传输、处理）是人们目前最关心、对社会发展和进步起到重要作用的内容。其中最前沿的"阵地"就是信息捕获，而捕获的主要工具就是传感器。传感器作为测控系统中对象信息的入口，在科学研究、工程应用、工业管理、生产生活以及其他领域中起到了越来越重要的作用。

　　本书以温度传感器为例，详细介绍基于 Protues 的温度数据采集系统设计。本书分基础篇与应用篇两部分，共计六章，基础篇主要讲述了传感器及检测技术基本概念、温度传感器及其数据采集环境搭建；应用篇主要讲述了数字温度传感器、模拟温度传感器的温度采集与仿真实例以及商务机软件设计实例。本书是物联网技术创新应用研究所（KYT201408）、重庆市高等职业技术院校新技术推广项目（GZTG201608）、重庆市教委科学技术研究项目（KJ1603106）、中国职业技术教育学会物联网专业委员会研究项目(20161021)、重庆城市管理职业学院研究项目（2016jgkt009、2016kyxm011）研究成果之一。

　　本书由重庆城市管理职业学院高级实验师王来志、教授王小平、工程师杨定慧合著。其中第一章、第二章、第三章、第四章由王来志编写，第五章、第六章由王小平和杨定慧编写，统稿由王来志完成。王建勇、杨坝、姚进、蔡川参与了部分书稿的资料整理、图标绘制等工作。本书引用了互联网上部分资讯以及报刊中的报道，在此一并向原作者和刊发机构致谢，对于不能一一注明引用来源深表歉意。对于网络上收集到的共享资料某些没有注明出处或由于时间、自身疏忽等原因找不到出处的，以及编者对部分资料进行了加工、修改后纳入书中的，编者在此郑重声明其著作权均属于其原创作者，并在此向他们在网上共享和提供所创作的内容表示致敬和感谢。

由于编者水平有限，书中难免会有不足，恳请广大读者批评指正。

编　者

2017 年 4 月

目 录
CONTENTS

基础篇

利用仿真打通物联网的奇经八脉

利用 Protues 软件仿真的方法仿真物联网数据采集层（数据采集及控制终端），用 PC 编写上位机程序模拟数据采集网关，用 PC 编写通信服务器，数据库服务器，构建 WEB 服务器，编写手机 APP。那么整个物联网系统就呈现在我们面前，其体系结构如图 0-1 所示。

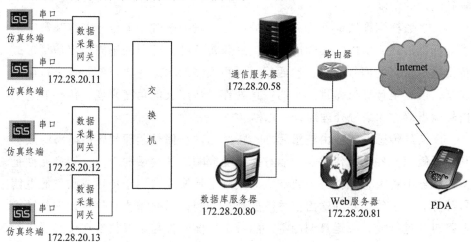

图 0-1　利用仿真打通物联网的奇经八脉

第一章　传感器及检测技术基本概念

第一节　传感器的基本概念

一、传感器的定义与组成

测量仪器一般由信号检出器件和信号处理两部分组成。信号检出器件的任务是检测出测量环境下的被测信号。例如在测量面包烤箱（测量环境）的温度（被测信号）时，将热敏电阻（信号检出器件）插入烤箱中，热敏电阻的阻值便随着温度的变化而变化。这种能感应被测量的变化并将其转换为其他物理量变化的器件，就是狭义的传感器（Transducer 或 Sensor）。也就是说信号检出器就是传感器。

对于各种各样的被测量，有各种各样的传感器与之相对应，其输出信号有如下特点：

（1）传感器输出信号的形式多样化，有电阻、电感、电荷、电压等；

（2）传感器输出信号微弱，不易于检测；

（3）传感器的输入阻抗较高，会产生较大的信号衰减；

（4）传感器输出信号动态范围宽，输出信号会受到环境因素的影响，影响到测量的精度。

大多数检测仪器最终所需输出的信号一般为电流、电压、电容和数字信号等标准形式，所以，实际应用中，一般将各种传感器的不同输出信号形式转换成所希望的信号形式，然后用于检测仪器的输出或送至控制器进行调节控制，或送至计算机做进一步的信息处理。从广义的角度来说，传感器应是信号检出器件和信号处理部分的总称。

广义的传感器一般由敏感元件、转换元件和信号调理与转换电路组成。其中，敏感元件是指传感器中能直接接受或响应被测量的部分；转换元件是指传感器中将敏感元件感受或响应的被测量转换成适用于传输或测量的电信号部分。由于传感器的输出信号一般都很微弱，因此需要有信号调理与转换电路对其进行放大、运算调制等。随着半导体器件与集成技术在传感器中的应用，传感器的信号调理与转换电路可安装在传感器的壳体里或与敏感元件一起集成在同一芯片上，构成集成传感器（如美国 ADI 公司生产的 AD22100型模拟集成温度传感器）。此外，信号调理与转换电路以及传感器工作时必须有辅助电源。传感器的组成如图 1-1 所示。

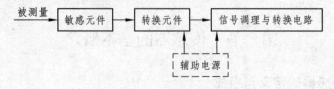

图 1-1　传感器组成

二、传感器的分类

传感器技术是一门知识密集型技术，它与许多学科有关。传感器的原理各种各样，其种类十分繁多，分类方法也很多。按被测量的性质不同划分，主要分为位移传感器、压力传感器、温度传感器等；按传感器的工作原理划分，主要分为电阻应变式、电感式、电容式、压电式、磁电式传感器等。习惯上常把两者结合起来命名传感器，比如电阻应变式压力传感器、电感式位移传感器等。

按被测量的转换特征划分传感器又可分为结构型传感器和物性型传感器。结构型传感器是通过传感器结构参数的变化而实现信号转换的，如电容式传感器依靠极板间距离变化引起电容量的变化。物性型传感器是利用某些材料本身的物理性质随被测量变化的特性而实现参数的直接转换。这种类型的传感器具有灵敏度高、响应速度快、结构简单、便于集成等特点，是传感器的发展方向之一。

按能量传递的方式划分还可分为能量控制型传感器和能量转换型传感器两大类。能量控制型传感器的能量由外部供给，但受被测输入量的控制，如电阻应变式传感器、电感式传感器、电容式传感器等。能量转换型传感器的输出量直接由被测量能量转换而得，如压电式传感器、热电式传感器等。

三、传感器的基本特性

在测试过程中，要求传感器能感受到被测量的变化并将其不失真地转换成容易测量的量。被测量一般有两种形式：一种是稳定的，即不随时间变化或变化极其缓慢，称为静态信号；另一种是随时间变化而变化，称为动态信号。由于输入量的状态不同，传感器所呈现出来的输入-输出特性也不同，因此，传感器的基本特性一般为静态特性。

（一）传感器的静态特性

传感器的静态特性是指被测量的值处于稳定状态时的输出-输入关系。衡量静态特性的重要指标是线性度、灵敏度、迟滞、重复性、分辨率和漂移等。

1. 线性度

传感器的线性度是指其输出量与输入量之间的实际关系曲线（即静特性曲线）偏离直线的程度，又称非线性误差。静特性曲线可通过实际测试获得。在实际使用中，大多数传感器为非线性的，为了得到线性关系，常引入各种非线性补偿环节。如采用非线性补偿电路或计算机软件进行线性化处理。但如果传感器非线性的次方不高，输入量变化范围较小时，可用一条直线（切线或割线）近似地代表实际曲线的一段，使传感器输出-输入线性化，如图 1-2 所示。所采用的直线称为拟合直线。实际特性曲线与拟合直线之间的偏差称为传感器的非线性误差（或线性度），通常用相对误差 γ_L 表示，即

$$\gamma_L = \pm \frac{\Delta L_{max}}{Y_{FS}} \times 100\% \qquad (1-1)$$

式中　　ΔL_{max}——最大非线性绝对误差；

　　　　Y_{FS}——满量程输出。

从图 1-2 可见，即使是同类传感器，拟合直线不同，其线性度也是不同的。选取拟合直线的方法很多，常用的有理论直线法、端点法、割线法、切线法、最小二乘法和计算机程序法等，用最小二乘法求取的拟合直线的拟合精度最高。

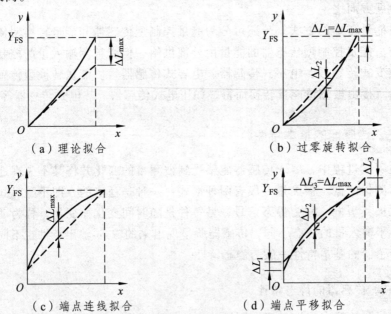

图 1-2　几种直线拟合方法

2. 灵敏度

灵敏度 s 是指传感器的输出量增量 Δy 与引起输出量增量 Δy 的输入量 Δx 的比值，即

$$s = \frac{dy}{dx} \qquad (1-2)$$

对于线性传感器，它的灵敏度就是它的静态特性的斜率，即 s 为常数；而非线性传感器的灵敏度为一变量，用 $s=\mathrm{d}y/\mathrm{d}x$ 表示。传感器的灵敏度如图 1-3 所示。

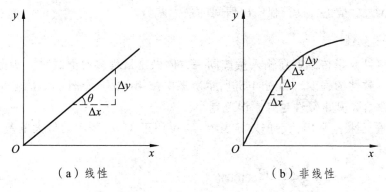

（a）线性　　　　　　　　　（b）非线性

图 1-3　传感器的灵敏度

另外，有时用输出灵敏度这个性能指标来表示某些传感器的灵敏度，如应变片式压力传感器。输出灵敏度是指传感器在额定载荷作用下，测量电桥供电电压为 1 V 时的输出电压。

3. 迟滞（回差滞现象）

传感器在正向（输入量增大）行程和反向（输入量减小）行程期间，输出-输入特性曲线不重合的现象称为迟滞，如图 1-4 所示。也就是说，对于同一大小的输入信号，传感器的正、反行程输出信号大小不等。产生这种现象的主要原因是由于传感器敏感元件材料的物理性质和机械零部件的缺陷所造成的。例如，弹性敏感元件的弹性滞后、运动部件摩擦、传动机构的间隙、紧固件松动等，具有一定的随机性。

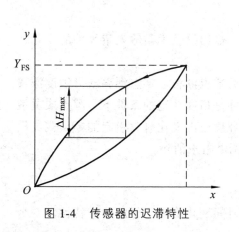

图 1-4　传感器的迟滞特性

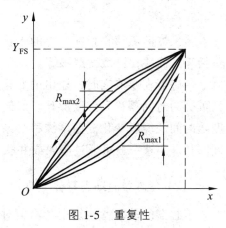

图 1-5　重复性

迟滞大小通常由实验确定。迟滞误差 γ_{H} 可由下式计算：

$$\gamma_{\mathrm{H}} = \pm\frac{1}{2}\frac{\Delta H_{\max}}{Y_{\mathrm{FS}}}\times100\% \tag{1-3}$$

式中，$\Delta H_{\max}$ 是正、反行程输出值间的最大差值。

4. 重复性

重复性是指传感器在输入量按同一方向做全量程多次测试时，所得特性曲线不一致性的程度，如图 1-5 所示。多次按相同输入条件测试的输出特性曲线越重合，其重复性越好，误差越小。

不重复性 γ_{R} 常用标准偏差 σ 表示，也可用正、反行程中的最大偏差 $\Delta R_{\max}$ 表示，即

$$\gamma_{\mathrm{R}} = \pm\frac{1}{2}\frac{(2\sim3)\sigma}{Y_{\mathrm{FS}}}\times100\% \tag{1-4}$$

或

$$\gamma_{\mathrm{R}} = \pm\frac{1}{2}\frac{\Delta R_{\max}}{Y_{\mathrm{FS}}}\times100\% \tag{1-5}$$

5. 分辨率

传感器的分辨率是指在规定测量范围内所能检测输入量的最小变化量 $\Delta x_{\min}$。有时也用该值相对满量程输入值的百分数（$\Delta x_{\min}/x_{\mathrm{FS}}\times100\%$）表示。

6. 稳定性

传感器的稳定性一般是指长期稳定性，是在室温条件下，经过相当长的时间间隔，如一天、一月或一年，传感器的输出与起始标定时的输出之间的差异，因此通常又用其不稳定度来表征传感器输出的稳定程度。

7. 漂移

传感器的漂移是指在外界的干扰下，输出量发生与输入量无关的变化，包括零点漂移和灵敏度漂移等。

传感器在零输入时，输出的变化称为零点漂移。零点漂移或灵敏度漂移又可分为时间漂移和温度漂移。时间漂移是指在规定的条件下，零点或灵敏度随时间的缓慢变化。温度漂移是指当环境温度变化时，引起的零点或灵敏度漂移。漂移一般可通过串联或并联可调电阻来消除。

（二）传感器的动态特性

传感器的动态特性是指其输出对随时间变化的输入量的响应特性。一个

动态特性好的传感器，其输出将再现输入量的变化规律，即具有相同的时间函数。在动态的输入信号情况下，输出信号一般来说不会与输入信号具有完全相同的时间函数，这种输出与输入间的差异就是所谓的动态误差。

影响传感器的动态特性主要是传感器的固有因素，如温度传感器的热惯性等，不同的传感器，其固有因素的表现形式和作用程度不同。另外，动态特性还与传感器输入量的变化形式有关。也就是说，我们在研究传感器动态特性时，通常是根据不同输入变化规律来考察传感器的动态响应的。传感器的输入量随时间变化的规律是各种各样的，下面对传感器动态特性的分析，同自动控制系统分析一样，通常从时域和频域两方面采用瞬态响应法和频率响应法。

1. 瞬态响应法

研究传感器的动态特性时，在时域中对传感器的响应和过渡过程进行分析的方法，为时域分析法，这时传感器对所加激励信号的响应称为瞬态响应。常用激励信号有阶跃函数、斜坡函数、脉冲函数等。下面以最典型、最简单、最易实现的阶跃信号作为标准输入信号来分析评价传感器的动态性能指标。

当给静止的传感器输入一个单位阶跃函数信号

$$u(t) = \begin{cases} 0, t \leq 0 \\ 1, t > 0 \end{cases} \tag{1-6}$$

时，其输出特性称为阶跃响应或瞬态响应特性。瞬态响应特性曲线如图 1-6 所示。

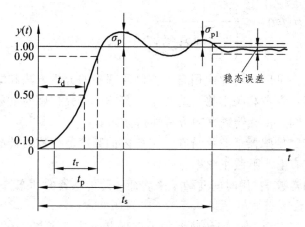

图 1-6　阶跃响应特性

（1）最大超调量 σ_p：最大超调量就是响应曲线偏离阶跃曲线的最大值，

常用百分数表示。当稳态值为 1，则最大百分比超调量 $\sigma_{\mathrm{p}} = \dfrac{y(t_{\mathrm{p}}) - y(\infty)}{y(\infty)} \times 100\%$。最大超调量反映传感器的相对稳定性。

（2）延滞时间 t_{d}：t_{d} 是阶跃响应达到稳态值 50% 所需要的时间。

（3）上升时间 t_{r}：根据控制理论，它有几种定义：

① 响应曲线从稳态值的 10% 上升到 90% 所需时间。

② 从稳态值的 5% 上升到 95% 所需时间。

③ 从零上升到第一次到达稳态值所需的时间。

上升时间 t_{r}，对有振荡的传感器常用③描述，对无振荡的传感器常用①描述。

（4）峰值时间 t_{p}：响应曲线从零到第一个峰值时所需的时间。

（5）响应时间 t_{s}：响应曲线衰减到稳态值之差不超过 ±5% 或 ±2% 时所需要的时间。有时称又为过渡过程时间。

2. 频率响应法

频率响应法是从传感器的频率特性出发研究传感器的动态特性。传感器对正弦输入信号的响应特性，称为频率响应特性。对传感器动态特性的理论研究，通常是先建立传感器的数学模型，通过拉氏变换找出传递函数表达式，再根据输入条件得到相应的频率特性。大部分传感器可简化为单自由度一阶或二阶系统，其传递函数可分别简化为：

$$H(\mathrm{j}\omega) = \frac{1}{\tau(j\omega) + 1} \tag{1-7}$$

$$H(\mathrm{j}\omega) = \frac{1}{1 - \left(\dfrac{\omega}{\omega_n}\right)^2 + 2\mathrm{j}\xi\dfrac{\omega}{\omega_n}} \tag{1-8}$$

因此，我们可以方便地应用自动控制原理中的分析方法和结论，关于具体方法，读者可参考相关书籍，这里不再赘述。研究传感器的频域特性时，主要用幅频特性。传感器频率响应特性指标如下：

（1）频带：传感器增益保持在一定值内的频率范围称为传感器的频带或通频带，对应有上、下截止频率。

（2）时间常数 τ：用时间常数 τ 来表征一阶传感器的动态特性。τ 越小，频带越宽。

（3）固有频率 ω_n：二阶传感器的固有频率 ω_n 表征了其动态特性。

对于一阶传感器，减小 τ 可改善传感器的频率特性。对于二阶传感器，为了减小动态误差和扩大频率响应范围，一般是提高传感器固有频率 ω_n。而

固有频率 ω_n 与传感器运动部件质量 m 和弹性敏感元件 k 有关，即 $\omega_n = \sqrt{k/m}$。增大刚度 k 和减小质量 m 可提高固有频率，但刚度 k 增加，会使传感器灵敏度降低。所以在实际应用中，应综合各种因素来确定传感器的各个特征参数。

四、传感器的应用领域及其发展

现代信息技术的三大基础是信息采集（即传感器技术）、信息传输（通信技术）和信息处理（计算机技术），它们在信息系统中分别起到了"感官""神经"和"大脑"的作用。传感器属于信息技术的前沿尖端产品，其重要作用如同人体的五官。传感器是信息采集系统的首要部件，是实现现代化测量和自动控制（包括遥感、遥测、遥控）的主要环节。

（一）传感器的应用领域

1. 生产过程的测量与控制

在生产过程中，利用传感器对温度、压力、流量、位移、液位和气体成分等参量进行检测，从而实现对工作状态的控制。

2. 安全报警与环境保护

利用传感器可对高温、放射性污染以及粉尘弥漫等恶劣工作条件下的过程参量进行远距离测量与控制，并可实现安全生产。可用于温控、防灾、防盗等方面的报警系统。在环境保护方面可用于对大气与水质污染的监测、放射性和噪声的测量等。

3. 自动化设备和机器人

传感器可提供各种反馈信息，尤其是传感器与计算机的结合，使自动化设备的自动化程度有了很大提高。在现代机器人中大量使用了传感器，其中包括力、扭矩、位移、超声波、转速和射线等许多传感器。

4. 交通运输和资源探测

传感器可用于对交通工具、道路和桥梁的管理，以保证提高运输的效率和防止事故的发生。还可用于陆地与海底资源探测以及空间环境、气象等方面的测量。

5. 医疗卫生和家用电器

利用传感器可实现对病患者的自动监测与监护，可用于微量元素的测定、食品卫生检疫等，尤其是作为离子敏感器件的各种生物电极，已成为生物工程理论研究的重要测试装置。

近年来，由于科学技术和经济的发展及生态平衡的需要，传感器的应用领域还在不断扩大。

（二）传感器的发展

在当前信息时代，对于传感器的需求量日益增多，同时对其性能要求也越来越高。随着计算机辅助设计技术（CAD）、微机电系统（MEMS）技术、光纤技术、信息理论以及数据分析算法不断迈上新的台阶，传感器系统正朝着微型化、智能化和多功能化的方向发展。

1. 微型传感器（Micro Sensor）

为了能够与信息时代信息量激增、对捕获和处理信息能力的要求日益增强的技术发展趋势保持一致，对于传感器的性能指标（包括精确性、可靠性、灵敏性等）的要求越来越严格。与此同时，传感器系统的操作友好性亦被提上了议事日程，因此还要求传感器必须配有标准的输出模式。而传统的大体积弱功能传感器往往很难满足上述要求，所以它们已逐步被各种不同类型的高性能微型传感器所取代。

一方面，计算机辅助设计（CAD）技术和微机电系统（MEMS）技术的发展促进了传感器的微型化。在当前技术水平下，微切削加工技术已经可以生产出具有不同层次的 3D 微型结构，从而可以生产出体积非常微小的微型传感器敏感元件，像毒气传感器、离子传感器、光电探测器这样的以硅为主要构成材料的传感/探测器都装有极好的敏感元件。目前，这一类元器件已作为微型传感器的主要敏感元件被广泛应用于不同的研究领域中。

另一方面，敏感光纤技术的发展也促进了传感器的微型化。当前，敏感光纤技术日益成为微型传感器技术的另一新的发展方向。预计随着插入技术的日趋成熟，敏感光纤技术的发展还会进一步加快。光纤传感器的工作原理是将光作为信号载体，并通过光纤来传送信号。由于光纤具有良好的传光性能，对光的损耗极低，加之光纤传输光信号的频带非常宽，且光纤本身就是一种敏感元件，所以光纤传感器所具有的许多优良特征为其他所有传统的传感器所不及。概括来讲，光纤传感器的优良特征主要包括重量轻、体积小、敏感性高、动态测量范围大、传输频带宽、易于转向作业以及它的波形特征能够与客观情况相适应等诸多优点，因此能够较好地实现实时操作、联机检测和自动控制。光纤传感器还可以应用于 3D 表面的无触点测量。近年来，随着半导体激光 LD、CCD、CMOS 图形传感器、方位探测装置 PSD 等新一代探测设备的问世，光纤无触点测量技术得到了空前迅速的发展。

就当前技术发展现状来看，微型传感器已经应用于许多领域，对航空、远距离探测、医疗及工业自动化等领域的信号探测系统产生了深远影响。目前开发并进入实用阶段的微型传感器已可以用来测量各种物理量、化学量和生物量，如位移、速度/加速度、压力、应力、应变、声、光、电、磁、热、pH、离子浓度及生物分子浓度等。

2. 智能化传感器（Smart Sensor）

智能化传感器是 20 世纪 80 年代末出现的另外一种涉及多种学科的新型传感器系统，主要是指那些装有微处理器，不但能够执行信息处理和信息存储，而且还能够进行逻辑思考和结论判断的传感器系统。这一类传感器就相当于是微机与传感器的综合体一样，其主要组成部分包括主传感器、辅助传感器及微机的硬件设备。如智能化压力传感器，主传感器为压力传感器，用来探测压力参数，辅助传感器通常为温度传感器和环境压力传感器。采用这种技术时可以方便地调节和校正由于温度的变化而导致的测量误差，环境压力传感器测量工作环境的压力变化并对测定结果进行校正。而硬件系统除了能够对传感器的弱输出信号进行放大、处理和存储外，还执行与计算机之间的通信联络。通常情况下，一个通用的检测仪器只能用来探测一种物理量，其信号调节是由那些与主探测部件相连接的模拟电路来完成的；但智能化传感器却能够实现所有的功能，而且其精度更高，价格更便宜，处理质量也更好。

目前，智能化传感器技术正处于蓬勃发展时期，具有代表意义的典型产品是美国霍尼韦尔公司的 ST-3000 系列智能变送器和德国斯特曼公司的二维加速度传感器，以及另外一些含有微处理器（MCU）的单片集成压力传感器、具有多维检测能力的智能传感器和固体图像传感器（SSIS）等。与此同时，基于模糊理论的新型智能传感器和神经网络技术在智能化传感器系统的研究和发展中的重要作用也日益受到了相关研究人员的极大重视。

智能化传感器多用于对压力、拉力、振动冲击加速度、流量、温度、湿度的测量。另外，智能化传感器在空间技术研究领域亦有比较成功的应用实例。在今后的发展中，智能化传感器无疑将会进一步扩展到化学、电磁、光学和核物理等研究领域。可以预见，新兴的智能化传感器将会在各个领域发挥越来越大的作用。

3. 多功能传感器（Multifunction Sensor）

通常情况下，一个传感器只能用来测量一种物理量，但在许多应用领域中，为了能够完美而准确地反映客观事物和环境，往往需要同时测量大量的物理量。由若干种各不相同的敏感元件组成或借助于同一个传感器的不同效应或利用在不同的激励条件下同一个敏感元件表现的不同特征构成的多功能传感器系统，可以用来同时测量多种参数。例如，可以将一个温度探测器和一个湿度探测器配置在一起制造成一种新的传感器，这种新的传感器就能够同时测量温度和湿度。

随着传感器技术和微机技术的飞速发展，目前已经可以生产出将若干种敏感元件总装在同一种材料或单独一块芯片上的一体化多功能传感器。多功能传感器无疑是当前传感器技术发展中一个全新的研究方向。如将某些类型的传感器进行适当组合而使之成为新的传感器。又如，为了能够以较高的灵敏度和较小的粒度同时探测多种信号，微型数字式三端口传感器可以同时采用热敏元件、光敏元件和磁敏元件，这种组配方式的传感器不但能够输出模拟信号，而且还能够输出频率信号和数字信号。

从当前的发展现状来看，最热门的研究领域也许是各种类型的仿生传感器了，在感触、刺激以及视听辨别等方面已有最新研究成果问世。从实用的角度考虑，多功能传感器中应用较多的是各种类型的多功能触觉传感器，例如，人造皮肤触觉传感器就是其中之一，这种传感器系统由 PVDF 材料、无触点皮肤敏感系统以及具有压力敏感传导功能的橡胶触觉传感器等组成。据悉，美国 MERRITT 公司研制开发的无触点皮肤敏感系统获得了较大的成功，其无触点超声波传感器、红外辐射引导传感器、薄膜式电容传感器、以及温度、气体传感器等在美国本土应用甚广。

总之，传感器系统正向着微小型化、智能化和多功能化的方向发展。今后，随着 CAD 技术、MEMS 技术、信息理论及数据分析算法的发展，未来的传感器系统必将变得更加微型化、综合化、多功能化、智能化和系统化。在各种新兴科学技术呈辐射状广泛渗透的当今社会，作为现代科学耳目的传感器系统，作为人们快速获取、分析和利用有效信息的基础，必将进一步得到社会各界的普遍关注。

五、传感器的选用

现代工业生产与自动控制系统是以计算机为核心，以传感器为基础组成的。传感器是实现自动检测和控制的首要环节，没有精确可靠的传感器，就没有精确可靠的自动测控系统。近年来，随着科学技术的发展，各种类型的传感器已应用到工业生产与控制的各个领域。要利用传感器设计开发高性能的测量或控制系统，必须了解传感器的性能，根据系统要求，选择合适的传感器，并设计精确可靠的信号处理电路。

如何正确选择和使用各种传感器，要考虑的因素很多，但没有必要一一加以考虑。根据传感器实际使用的目的、指标、环境条件和成本等限制条件，从不同的侧重点，优先考虑几个重要的条件。例如，测量某一对象的温度时，要求测量范围为 0～100 ℃，测量精度为±1 ℃，且要多点测量，那么选用何种传感器呢？满足这些要求的传感器有：各种热电偶、热敏电阻、半导体 PN 结温度传感器、智能化温度传感器等。在这种情况下，我们侧重考虑成本，然后在测量电路、配置设备是否简单等因素中进行取舍，相比之下选择半导体温度传感器。若测量范围变为 0～800 ℃，其他要求不变，那么就应考虑选用热电偶了。总之，选择使用传感器时，应具体情况具体分析，选择性价比高的传感器。一般来说，选择传感器应从如下几个方面考虑。

（1）与测量条件有关的因素。随着传感器技术的发展，被测对象涉及各个领域，除了传统的力学领域、电磁学领域、工业领域外，还有人体心电、脑波等体表电位的测量，光泽、触觉等品质测量等。所以在选择传感器时，首先就应了解与测量条件有关的因素，如：测量的目的、被测试量的选择、测量范围、输入信号的幅值和频带宽度、精度要求、测量所需时间等。

（2）与使用环境条件有关的因素。在了解被测量要求后，还应考虑使用环境，如：安装现场条件及情况、环境条件（湿度、温度、振动等）、信号传输距离和所需现场提供的功率容量等因素。

（3）与传感器有关的技术指标。最后，根据测量要求选择确定传感器的技术指标如精度、稳定性、响应特性、模拟量与数字量、输出幅值、对被测物体产生负载效应、校正周期、超标准过大的输入信号保护等性能指标。另外，为了提高测量精度，应注意通常使用的显示值应在满量程的 80% 左右来选择测量范围或刻度范围。

此外，还应考虑与购买和维修有关的因素，如：价格、零配件的储备、服务与维修、交货日期等。精度很高的传感器一定要精心使用，注意安装方法，了解传感器的安装尺寸和重量等。

六、传感器接口电路

（一）常见的接口电路

根据传感器输出信号的不同特点，要采用不同的处理方法。传感器输出信号的处理主要由接口电路来完成，典型的接口电路主要有以下几种。

1. 放大电路

传感器输出信号一般比较微弱，因此在大多数情况下需要使用放大电路。放大电路主要将传感器输出的微弱的直流信号或交流信号放大到适合的程度。放大电路一般采用运算放大器构成。

1）反相放大器

图 1-7 所示是反相放大器的基本电路。输入电压加到运算放大器的反相输入端，输出电压经 R_F 反馈到反相输入端。

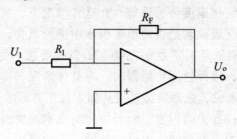

图 1-7　反相放大器基本电路

输出电压为：$U_o = -U_1 \times (R_F / R_1)$

反相放大器的放大倍数取决于 R_F 与 R_1 的比值，负号表示输出电压与输入电压反相。该放大电路应用广泛。

2）同向放大器

图 1-8 所示是同相放大器的基本电路。输入电压加到运算放大器的同相输入端，输出电压经 R_F 反馈到反相输入端。输出电压为：$U_o = (1 + R_F / R_1) \times U_1$

同相放大器的放大倍数取决于 R_F 与 R_1 的比值，输出电压与输入电压同相。

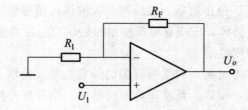

图 1-8　同相放大器基本电路

3）差动放大器

图 1-9 所示为差动放大器的基本电路。两个输入信号分别加到运算放大器的同相输入端和反相输入端，输入电压经 R_F 反馈到反相输入端。若 $R_1 = R_2$，$R_3 = R_F$，则输出电压为：

$$U_o = R_F / R_1 \times (U_2 - U_1)$$

差动放大器的优点是抑制共模信号的能力和抗干扰能力。

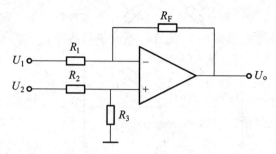

图 1-9　差动放大器基本电路

2. 阻抗匹配器

传感器输出阻抗都比较高，比一般电压放大电路的输入阻抗要大得多，若将传感器直接与放电的路进行连接，则信号衰减很大，甚至不能正常工作。常常使用高输入阻抗低输出阻抗的阻抗匹配器。常用的阻抗匹配器是半导体阻抗匹配器、场效应管阻抗匹配器及集成电路阻抗匹配器等。

半导体阻抗匹配器，实际上是共集电极放大电路，又称为射级输出。射级输出器的输出相位与输入相位相同，放大倍数略小于 1，输入阻抗高，输出阻抗低。

场效应管阻抗匹配器的输入阻抗高达 10^{12} Ω 以上，而且其结构简单、体积小，得到了广泛的应用。

3. 电桥电路

电桥电路是传感器系统中经常使用的转换电路，主要用来把电阻、电容、电感的变化转换为电压或电流。根据其供电电源性质的不同，可分为直流电桥、交流电桥。直流电桥主要用于电阻式传感器，交流电桥可用于电阻、电容及电感式传感器。

电桥的基本电路如图 1-10 所示，阻抗 Z 构成电桥电路的桥臂，桥路的一对角线接工作电源，另一对角线是输出端。

电桥的输出电压为：

$$U_o = \frac{R_1 R_4 - R_2 R_3}{(R_1 + R_2)(R_3 + R_4)} U_i \qquad (1\text{-}9)$$

当电桥的输出电压为 0 时，电桥平衡，由此可知电桥的平衡条件为 $R_1 R_3 = R_2 R_4$。

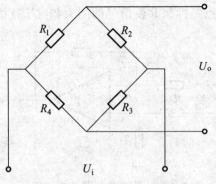

图 1-10　电桥基本电路

当电桥的四个桥臂的阻抗由于被测量引起变化时，电桥平衡被打破，此时电桥的输出与被测量有直接对应关系。

4. 电荷放大器

有些传感器输出的信号是电荷的变化，要将其转换成电压信号，可采用电荷放大器。电荷放大器是一种带电容负反馈的高输入阻抗、高放大倍数的运算放大器。

（二）抗干扰技术

在实际检测系统中，传感器的工作环境是比较复杂和恶劣的，它的输出信号微弱，并且与电路之间的连接具有一定的距离，这时传送信号的电缆电阻和传感器的内阻以及放大电路等产生的干扰，再加上环境噪声，周围磁场、电场都会对电路造成干扰，影响其正常工作。

1. 干扰的根源

干扰又称噪声，是传感器系统中混入的无用信号。主要分为内部噪声和外部噪声，内部噪声是由传感器内部元件所产生的；外部噪声是由外部人为因素或自然干扰产生的。而把消除或消弱各种干扰的方法，称为抗干扰技术。

2. 抗干扰方法

为了保证传感器电路能最精确的工作，必须消弱或防止干扰的影响，下面介绍几种常见的抗干扰技术。

1）屏蔽技术

利用低电阻材料制成容器装置，将需要防护的部分包起来，割断电场、磁场的耦合通道，防止静电或电磁的相互感应。主要有静电屏蔽、电磁屏蔽、

磁屏蔽、驱动屏蔽等。

2）接地技术

接地是保证安全的一种方法，一般情况，接地技术是与屏蔽相关联的，如果接地不当，可能引起更大的干扰。

接地只要有信号接地、负载接地。在强电技术中，一般将设备外壳和电网零线接大地；弱电技术中，把电信号的基准电位点称为"地"，依据"一点接地"原则，将电路中不同的地线接入同一点。

3）其他抗干扰技术

（1）选用质量好的元器件；

（2）浮置：浮置又称浮空，是指电路的公共线不接机壳也不接大地的一种抗干扰技术；

（3）滤波：滤除无用的频率信号，分为低通滤波器、高通滤波器、带通滤波器、带阻滤波器。

第二节　检测技术的基本概念

对事务的测量和检测的问题广泛地存在于各行各业，存在于生产、生活等领域，而且随着生产力水平与人类生活水平的不断提高，对测量和检测问题提出了越来越高的要求。一方面要求检测系统具有更高的速度、精度、可靠性和自动化水平，以便尽量减少人力，提高工作效率；另一方面要求检测系统具有更大的灵活性和适应性，并向多功能化、智能化方向发展。传感器的广泛使用使这些要求成为可能。传感器处于研究对象与测控系统的接口位置，是感知、获取检测信息的窗口，一切科学实验和生产过程，特别是自动检测和自动控制系统要获取的信息，都要通过传感器将其转换成容易传输与处理的电信号。

在工程实践和科学实验中提出的检测任务是指正确及时地掌握各种信息，大多数情况下是要获取被检测对象信息的大小，即被测量的大小，所以信息采集的主要含义就是测量和取得测量数据。为了有效地完成检测任务，必须掌握测量的基本概念、测量误差及数据处理等方面的理论及工程方法。

一、检测方法及检测系统基本概念

（一）测量的基本概念

在科学实验和工业生产中，为了及时了解实验进展情况、生产过程情况以及它们的结果，人们需要经常对一些物理量，如电流、电压、温度、压力、流量、液位等参数进行测量，这时人们就要选择合适的测量装置，采用一定的检测方法进行测量。

测量是人们借助于专门的设备，通过一定的方法，对被测对象收集信息、取得数据概念的过程。为了确定某一物理量的大小，就要进行比较，因此，有时也把测量定义为"将被测量与同种性质的标准量进行比较，确定被测量对标准量倍数的过程"。如用 X 表示被测量，$\{X\}$ 表示被测量的数值即比值（含测量误差），$[X]$ 表示标准量，即测量单位，则上述定义用数学公式表示为：

$$X=\{X\}[X] \qquad\qquad\qquad (1\text{-}10)$$

测量的结果可以表现为数值，也可以表现为一条曲线或某种图形等。但不管以什么形式表现，测量结果总包含为数值（大小和符号）和单位两部分。例如，测得某一电流为 20 A，表明该被测量的数值为 20，单位为安培（单位符号为 A）。

随着科学技术和生产力的发展，测量过程除了传统的比较过程外，还必须进行变换，把不容易直接测量的量变换为容易测量的量，把静态测量变为动态测量，因而，人们常把前面提到的简单的比较过程称为狭义的测量，而把能完成对被测量进行检出、变换、分析、处理、存储、控制和显示等功能的综合过程称为广义测量。

（二）测量方法

测量方法是指实现测量过程所采用的具体方法。在测量过程中，由于测量对象、测量环境、测量参数的不同，因而采用各种各样的测量仪表和测量方法。针对不同的测量任务进行具体分析，以找出切实可行的测量方法，这对测量工作是十分重要的。

对于测量方法，从不同的角度有不同的分类方法。根据获得测量值的方法可分为直接测量、间接测量和组合测量；根据测量的精度情况可分为等精度测量和非等精度测量；根据测量方式可分为偏差式测量、零位式测量和微差式测量；根据被测量变化快慢可分为静态测量和动态测量；根据测量敏感元件是否与被测介质接触可分为接触测量和非接触测量；根据测量系统是否向被测对象施加能量可分为主动式测量和被动式测量等。

1. 直接测量、间接测量与组合测量

1）直接测量

用事先分度或标定好的测量仪表，直接读取被测量值的方法称为直接测量。例如，用磁电式电流表测量电路的某一支路电流、用电压表测量电压、用温度计测量温度等，都属于直接测量。直接测量是工程技术中大量采用的方法，其优点是测量过程简单而又迅速，但不易达到很高的测量精度。

2）间接测量

首先对与被测量有确定函数关系的几个量进行测量，然后再将测量值代入函数关系式，经过计算得到所需结果，这种测量方法称为间接测量。例如，在测量直流功率时，根据 $P=UI$，先对 U 和 I 进行直接测量，再计算出功率 P。间接测量测量手续多，花费时间较长，一般用在直接测量不方便或没有相应直接测量仪表的场合。

3）组合测量

若被测量必须经过求解联立方程组才能得到最后结果，则这种测量方法称为组合测量。组合测量是一种特殊的精密测量方法，操作手续复杂，花费时间长，多用于科学实验等特殊场合。

2. 等精度测量与不等精度测量

用相同仪表与测量方法对同一被测量进行多次重复测量，称为等精度测量。用不同精度的仪表或不同的测量方法，或在环境条件相差很大时对同一被测量进行多次重复测量称为非等精度测量。

3. 偏差式测量、零位式测量和微差式测量

1）偏差式测量

在测量过程中，用仪表指针的位移（即偏差）决定被测量值，这种测量方法称为偏差式测量。仪表上有经过标准量具校准过的标尺或刻度盘。在测量时，利用仪表指针在标尺上的示值，读取被测量的数值。偏差式测量简单、迅速，但精度不高，这种测量方法广泛应用于工程测量中。

2）零位式测量

用已知的标准量去平衡或抵消被测量的作用，并用指零式仪表来检测测量系统的平衡状态，从而判定被测量值等于已知标准量的方法称为零位式测量。用天平测量物体的质量、用电位差计测量未知电压都属于零位式测量。在零位式测量中，标准量是一个可连续调节的量，被测量能够直接与标准量相比较，测量误差主要取决于标准量具的误差，因此可获得较高的测量精度。另外，指零机构愈灵敏，平衡的判断愈准确，愈有利于提高测量精度。但这种方法需要平衡操作，测量过程复杂，花费时间长，因此不适用于测量迅速变化的信号。

3）微差式测量

微差式测量综合了偏差式测量和零位式测量的优点。它将被测量 X 大部分作用先与已知的标准量 N 相比较，取得差值 Δ 后，再用偏差法测得此差值，则 $X=N+\Delta$。由于 $\Delta \ll N$，因此可选用高灵敏度的偏差式仪表测量 Δ，即使测量 Δ 的精度较低，但因 $\Delta \ll x$，故总的测量精度仍很高。例如，测量稳压电源输出电压随负载电阻变化的情况时，可采用如图 1-11 所示的微差式测量方法。

图 1-11 中，R_r 和 E 分别表示稳压电源的内阻和电动势，R_L 为稳压电源的负载，E_1、R_1 和 R_W 表示电位差计的参数。在测量前先调整 R_1，使电位差计工作电流 I_1 为标准值，然后使稳压电源负载电阻 R_L 为额定值。调整 R_P 的活动触点，使毫伏表指示为零，这相当于事先用零位式测量出额定输出电压 U_o。然后，增加或减少负载电阻 R_L 的值，负载变化所引起的稳压电源输出电压的微小波动值 ΔU 即可由毫伏表指示出来。根据稳压电源的输出电压 $U_o=U+\Delta U$，稳压电源在各种负载下的输出值都可准确地测量出来。

因此，微差式测量的反应速度快，测量精度高，特别适合于在线控制参数的测量。

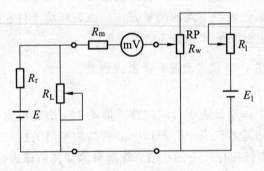

图 1-11 微差式测量原理图

（三）检测系统的组成

在自动检测系统中，各个组成部分是以信息流的过程来划分的。检测时，首先获取被测量的信息，并通过信息的转换把获得的信息变换为电量，然后进行一系列的处理，再用指示仪或显示仪将信息输出，或由计算机对数据进行处理，最后把信息输送给执行机构。所以一个检测系统主要分为信息的获得、信息的转换、信息的处理和信息的输出等几个部分。要完成这些功能主要依靠传感器、信号处理电路、显示装置、数据处理装置和执行机构等。其具体组成框图如图 1-12 所示。

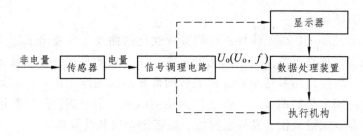

图 1-12 自动检测系统的组成

1. 传感器

传感器是把被测量非电量（如物理量、化学量、生物量等）变换为另一种与其有确定对应关系，并且容易测量的量（通常为电学量）的装置，是一种获得信息的重要手段。传感器所获得信息的正确与否，关系到整个检测系统的精度，因而在非电量检测系统中占有重要的地位。

2. 信号处理电路

通常传感器输出信号是微弱的，需要由信号处理电路加以放大、调制、解调、滤波、运算以及数字化处理等。信号处理电路的主要作用就是把传感器输出的电学量变成具有一定功率的模拟电压（或电流）信号或数字信号，以推动后级的输出显示或记录设备、数据处理装置及执行机构。

根据测量对象和显示方法的不同，信号处理电路可以是简单的传输电缆，也可以是由许多电子元件组成的数据采集卡，甚至包括计算机在内的装置。

3. 显示装置

测量的目的是使人们了解被测量的数值，所以必须有显示装置。显示装置的主要作用就是使人们了解检测数值的大小或变化的过程。目前常用的显示方式有模拟显示、数字显示和图像显示。

（1）模拟显示。

利用指针对标尺的相对位置来表示被测量数值的大小，如毫伏表、毫安表等，其特点是读数方便、直观，结构简单，价格低廉，在检测系统中一直被大量使用。但这种显示方式的精度受标尺最小分度限制，而且读数时易引入主观误差。

（2）数字显示。

用数字形式来显示测量值，目前大多采用 LED 发光数码管或液晶显示屏等，如数字电压表。这类检测仪器还可附加打印机，打印记录测量数值，并易于计算机联机，使数据处理更加方便。

（3）图像显示。

用屏幕显示（CRT）读数或被测参数变化的曲线，主要用于计算机自动检测系统中。如果被测量处于动态变化中，用一般的显示仪表读数就十分困难，这时可将输出信号送给计算机进行图像显示或送至记录仪，从而描绘出被测量随时间变化的曲线，并以之作为检测结果，供分析使用。常用的自动记录仪器有笔式记录仪、光线示波器、磁带记录仪和计算机等。

4. 数据处理装置和执行机构

数据处理装置就是利用微机技术，对被测结果进行处理、运算、分析，对动态测试结果进行频谱、幅值和能量谱分析等。

在自动测控系统中，经信号处理电路输出的与被测量对应的电压或电流信号还可以驱动某些执行机构动作，为自动控制系统提供控制信号。

随着计算机技术的飞跃发展，微机在自动检测系统中已得到了非常广泛的应用。微机在检测技术分支领域中的应用主要有：自动测试仪器及系统、智能仪器仪表和虚拟仪器等。微机自动测控系统的典型结构如图 1-13 所示，它主要由微机基本子系统（包括 CPU、RAM、ROM、EPROM 等）、数据采集子系统及接口、数据通信子系统及接口、数据分配子系统及接口和基本 I/O 子系统及接口组成。

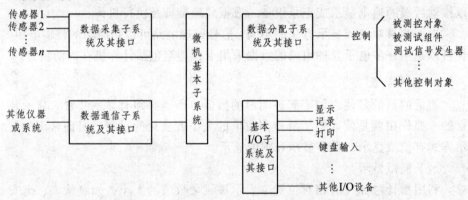

图 1-13　微机自动检测系统的典型结构

被检测的各种参数（例如温度、流量、压力、位移、速度等）由传感器变换成易于处理的电信号。如果传感器输出信号太弱或信号质量不高，则应经过前端预处理电路进行放大、滤波等，然后经过数据采集子系统转换成数字量，并通过接口送入微机子系统，经过微机运算、变换处理后，由数据分配子系统和接口输出到执行机构，以实现要求的自动控制；或由基本 I/O 子系统及其接口输出用于显示、记录、打印或绘制成各种图表、曲线等。另外，基本 I/O 子系统还可完成状态、参数的设置和人-机联系。此外，其他仪器仪表或系统通过通信子系统及接口完成相互之间的信息交换和互连。所以我们把微机自动检测系统也常称为计算机数据采集系统，或简称为数据采集系统。

微机自动检测技术不仅能解决传统的检测技术不能或不易解决的问题，而且能简化电路、增加功能、提高精度和可靠性等，还能实现人脑的部分功能，使自动检测系统具有智能化，实现代替人工的自动检测目的。随着微机自动检测技术的不断发展，自动检测系统会变得更加智能化、多功能化。

二、误差的基本概念

（一）测量误差

在检测过程中，不论采用什么样的测量方式和方法，也不论采用什么样的测量仪表，由于测量仪表本身不够准确，测量方法不够完善，以及测量者本人经验不足，人的感觉器官受到局限等原因，都会使测量结果与被测量的真值之间存在着差异，这个差值就称为测量误差。测量误差的主要来源可以概括为工具误差（又称仪器误差）、环境误差、方法误差和人员误差等。

测量的目的就是为了求得与被测量真值最接近的测量值，在合理的前提下，这个值越逼近真值越好。但测量误差不可能为零。在实际测量中，只需达到相应的精确度就可以了。精确度并不是越高越好。一味追求精确度的做法是不可取的，因为不计成本的提高测量精确度，需要付出大量的人力、物力，要有技术与经济兼顾的意识，追求最高的性价比。

为了便于对误差进行分析和处理，人们通常把测量误差从不同角度进行分类。按照误差的表示方法可分为绝对误差和相对误差；按照误差出现的规律可分为系统误差、随机误差和粗大误差；按照被测量与时间的关系可分为静态误差和动态误差。

1. 绝对测量与相对误差

（1）绝对误差。

绝对误差是指测量值 A_x 与被测量真值 A_0 之间的差值，用 δ 表示，即

$$\delta = A_x - A_0 \tag{1-11}$$

由式（1-11）可知，绝对误差的单位与被测量的单位相同，且有正负之分。用绝对误差表示仪表的误差大小也比较直观，它被用来说明测量结果接近被测量真值的程度。在实际使用中被测量真值 A_0 是得不到的，一般用理论真值或计量学约定真值 X_0 来代替 A_0。则式（1-11）可写成：

$$\delta = A_x - X_0 \qquad\qquad (1\text{-}12)$$

绝对误差不能作为衡量测量精确度的标准，例如用一个电压表测量 200 V 电压，绝对误差为+1 V，而用另一个电压表测量 10 V 电压，绝对误差为+0.5 V，前者的绝对误差虽然大于后者，但误差值相对于被测量值却是后者大于前者，即两者的测量精确度相差较大，为此引入了相对误差。

（2）相对误差。

所谓相对误差（用 γ 表示）是指绝对误差 δ 与被测量真值 X_0 的百分比，即

$$\gamma = \frac{\delta}{X_0} \times 100\% \qquad\qquad (1\text{-}13)$$

在上面的例子中，

$$\gamma_1 = \frac{1}{200} \times 100\% = 0.5\%$$

$$\gamma_2 = \frac{0.5}{10} \times 100\% = 5\%$$

$\gamma_1 < \gamma_2$，所以，相对误差比绝对误差能更好地说明测量的精确程度。

在实际测量中，由于被测量真值是未知的，而指示值又很接近真值，因此也可以用指示值 A_x 代替真值 X_0 来计算相对误差。

一般情况下，使用相对误差来说明不同测量结果的准确程度，即用来评定某一测量值的精确度，但不适用于衡量测量仪表本身。因为同一台仪表可以用来测量许多不同真值的被测量，在整个测量范围内的相对误差不是一个定值。随着被测量的减小，相对误差变大。为了更合理地评价仪表质量，采用了引用误差的概念。

（3）引用误差。

引用误差是绝对误差 δ 与仪表量程 L 的比值，通常以百分数表示，即

$$\gamma_0 = \frac{\delta}{L} \times 100\% \qquad\qquad (1\text{-}14)$$

如果以测量仪表整个量程中可能出现的绝对误差最大值 δ_m 代替 δ，则可得到最大引用误差 γ_{0m}，即

$$\gamma_{0m} = \frac{\delta_m}{L} \times 100\% \qquad\qquad (1\text{-}15)$$

对一台确定的仪表或检测系统，出现的绝对误差最大值是一个定值，所以其最大引用误差就是一个定值，由仪表本身性能所决定。一般用最大引用误差来确定测量仪表的精度等级。工业仪表常见的精度等级有 0.1 级、0.2 级、0.5 级、1.0 级、1.5 级、2.0 级、2.5 级、5.0 级等。

在具体测量某一个值时，其相对误差可以根据仪表允许的最大绝对误差和仪表指示值进行计算。例如，2.0级的仪表，量程为100，在使用时它的最大引用误差不超过±2.0%，也就是说，在整个量程内，它的绝对误差最大值不会超过其量程的±2.0%，即为±2.0。用它测量真值为80的测量值时，其相对误差最大为±2.0/80×100%=±2.5%。测量真值为10的测量值时，其相对误差最大为±20/10×100%=20%。由此可见，精度等级已知的测量仪表只有在被测量值接近满量程时，才能发挥它的测量精度。因此选用测量仪表时，应当根据被测量的大小和测量精度要求，合理地选择仪表量程和精度等级，只能这样才能提高测量精度，达到最好的性价比。

2. 系统误差、随机误差和粗大误差

（1）系统误差。

在相同条件下，多次重复测量同一量时，保持恒定、或遵循某种规律变化的误差称为系统误差。其误差的数值和符号不变的称为恒值系统误差。按照一定规律变化的，称为变值系统误差。变值系统误差又可分为累进性的、周期性的和按复杂规律变化的等多种类型。

检测装置因为本身性能不完善、测量方法不当、对仪器的使用不当、环境条件的变化等原因都可能产生系统误差。如果能设法消除这些原因，则系统误差也就被消除了。例如，由于仪表刻度起始位不对产生的误差，只要在测量前校正指针零位即可消除。

系统误差的大小表明测量结果的准确度。系统误差越小，表明测量结果越准确。系统误差的大小说明了测量结果偏离被测量真值的程度。系统误差是有规律的，因此可通过实验或分析的方法，查明其变化规律和产生原因，通过对测量值的修正，或者采用一定的预防措施，就能够消除或减小它对测量结果的影响。

（2）随机误差。

在相同条件下，多次测量同一量时，误差的大小和符号以不可预见的方式变化，这种误差称为随机误差。

随机误差是由很多复杂因素的微小变化的总和所引起的，分析起来比较困难。但是，随机误差具有随机变量的一切特点，在一定条件下服从统计规律，因此通过多次测量后，对其总和可以用统计规律来描述，从而在理论上估计出其对测量结果的影响。随机误差的大小表明测量结果重复一致的程度，即测量结果的分散性。通常，用精密度表示随机误差的大小。随机误差大，测量结果分散，精密度低；反之，测量结果的重复性好，精密度高。

（3）粗大误差。

明显偏离测量结果的误差称为粗大误差，又称过失误差。含有粗大误差的测量值称为坏值或异常值。在实际测量中，由于粗大误差的误差数值特别大，容易从测量结果中发现，一经发现粗大误差，可以认为该次测量无效，坏值应从测量结果中剔除，从而消除它对测量结果的影响。

粗大误差主要是人为因素造成的。例如，测量人员工作时的疏忽大意，出现了读数错误、记录错误、计算错误或其他操作不当等。另外，测量方法不恰当，测量条件意外地突然变化，也可能造成粗大误差。在分析测量结果时，就应先分析有没有粗大误差，先把坏值从测量值中剔除，然后再进行系统误差和随机误差的分析。

3. 动态误差和静态误差

静态误差是指在测量过程中，被测量随时间变化很缓慢或基本上不变化的测量误差。以上所介绍的测量误差均属于静态误差。

在被测量随时间变化时进行测量所产生的附加误差称为动态误差。由于检测系统（或仪表）对动态信号的响应需要一定时间，输出信号来不及立即反应输入信号的量值，加上传感器对不同频率的输入信号的增益和时间延迟不同，因此输出信号与输入信号的波形将不完全一致而造成动态误差。在实际应用中，应尽量选用动态特性好的仪表，以减小动态误差。

（二）误差的处理及消除方法

从实践中可知，测量数据中含有系统误差和随机误差，有时还含有粗大误差。它们的性质不同，对测量结果的影响及处理方法也不同。在测量中，对测量数据进行处理时，首先判断测量数据中是否含有粗大误差，如有，则必须加以剔除。再看数据中是否存在系统误差，对系统误差可设法消除或加以修正。对排除了系统误差和粗大误差的测量数据，则利用随机误差性质进行处理。总之，对于不同情况的测量数据，首先要加以分析研究，判断情况，再经综合整理，得出结果。

1. 随机误差的处理

在相同条件下，对某个量重复进行多次测量，排除系统误差和粗大误差后，如果测量数据仍出现不稳定现象，则存在随机误差。

在等精度测量情况下，得到 n 个测量值 x_1、x_2、$\cdots$、x_n。设只含有随机误差 δ_1、δ_2、$\cdots$、δ_n，这组测量值或随机误差都是随机事件，可以用概率数理统计的方法来处理。随机误差的处理目的就是从这些随机数据中求出最接近真值的值，对数据精密度的高低（或可信度）进行评定并给出测量结果。

测量实践表明，多数测量的随机误差具有以下特征：

（1）绝对值小的随机误差出现的概率大于绝对值大的随机误差出现的概率。

（2）随机误差的绝对值不会超出一定界限。

（3）测量次数 n 很大时，绝对值相等、符号相反的随机误差出现的概率相等，当 $n \to \infty$ 时，随机误差的代数和趋近于零。

随机误差的上述特征，说明其分布是单一峰值的和有界的，且当测量次数无穷大时，这类误差还具有对称性（即抵偿性），所以测量过程中产生的随机误差服从正态分布规律。分布密度函数为：

$$f(\delta) = \frac{1}{\sigma\sqrt{2\pi}} e^{\left(-\frac{\delta^2}{2\delta^2}\right)} \tag{1-16}$$

式（1-16）称为高斯误差方程。式中，δ 是随机误差，$\delta = x - x_0$（x 为测量值，x_0 为测量值的真值）；σ 是方均根误差，或称标准误差。标准误差 σ 可由下式求得：

$$\sigma = \lim_{x \to \infty} \sqrt{\frac{1}{n} \sum_{i=1}^{n} (x_i - x_0)^2}$$

$$\sigma = \lim_{x \to \infty} \sqrt{\frac{1}{n} \sum_{i=1}^{n} \delta_i^2} \tag{1-17}$$

计算 σ 时，必须已知真值 x_0，并且需要进行无限多次等精度重复测量。这显然是很难做到的。

根据长期的实践经验，人们公认，一组等精度的重复测量值的算术平均值最接近被测量的真值，而算术平均值很容易根据测量结果求得，即

$$\overline{x} = \frac{1}{n} \sum_{i=1}^{n} x_i = \frac{x_1 + x_2 + \cdots + x_n}{n} \tag{1-18}$$

因此，可以利用算术平均值 $\overline{x}$ 代替真值 x_0 来计算式（1-17）中的 δ_i。此时，式（1-17）中的 $\delta_i = x_i - x_0$，就可改换成 $v_i = x_i - \overline{x}$，v_i 称为剩余误差。不论 n 为何值，总有

$$\sum_{i=1}^{n} v_i = \sum_{i=1}^{n} \left(x_i - \overline{x} \right) = \sum_{i=1}^{n} x_i - \sum_{i=1}^{n} x = n\overline{x} - n\overline{x} = 0 \tag{1-19}$$

由此可以看出，虽然我们可求得 n 个剩余误差，但实际上它们之中只有

（n-1）个是独立的。考虑到这一点，测量次数 n 为有限值时，标准误差的估计值 σ_s 可由下式计算：

$$\sigma_s = \sqrt{\frac{1}{n-1}\sum_{i=1}^{n}\left(x_i - \overline{x}\right)^2} = \sqrt{\frac{1}{n-1}\sum_{i=1}^{n}v_i^2}\qquad（1\text{-}20）$$

式（1-20）为贝塞尔公式。在一般情况下，我们对 σ 和 σ_s 并不加以严格区分，统称为标准误差。

标准误差 σ 的大小可以表示测量结果的分散程度。图 1-14 所示为不同 σ 下正态分布曲线。由图可见：σ 愈小，分布曲线愈陡峭，说明随机变量的分散性小，测量精度高；反之，σ 愈大，分布曲线愈平坦，随机变量的分散性也大，则精度也低。

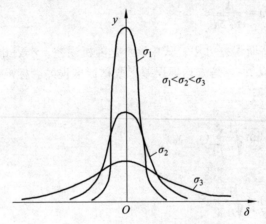

图 1-14　不同 σ 下正态分布曲线

通常在有限次测量时，算术平均值不可能等于被测量的真值 x_0，它也是随机变动的。设对被测量进行 m 组的"多次测量"后（每组测量 n 次），各组所得的算术平均值 $\overline{x_1}, \overline{x_2}\cdots\overline{x_m}$ 围绕真值 L 有一定的分散性，也是随机变量。算术平均值的精度可由算术平均值的均方根偏差 $\sigma_{\overline{x}}$ 来评定。它与 σ_s 的关系如下：

$$\sigma_{\overline{x}} = \frac{\sigma_s}{\sqrt{n}}\qquad（1\text{-}21）$$

所以，当对被测量进行 m 组"多次测量"后，在无系统误差和粗大误差的情况下，根据概率分析（具体分析请读者查阅有关著作），它的测量结果 x_0 可表示为：

$$x_0 = \overline{x} \pm \sigma_{\overline{x}}\ （概率\ P=0.628\ 27）$$

或

$$x_0 = \bar{x} \pm 3\sigma_{\bar{x}} \text{（概率 } P=0.997\,3\text{）} \qquad （1\text{-}22）$$

[例 1.1] 等精度测量某电阻 10 次，得到的测量值为：167.95 Ω、167.60 Ω、167.87 Ω、168.00 Ω、167.82 Ω、167.45 Ω、167.60 Ω、167.88 Ω、167.85 Ω、167.60 Ω，试求测量结果。

解：将测量值列于表 1-1。

表 1-1 测量值

序 号	测量值 x_i	残余误差 v_i	v_i^2
1	167.95	0.188	0.035 344
2	167.60	−0.162	0.026 244
3	167.87	0.108	0.011 664
4	168.00	0.238	0.056 644
5	167.82	0.058	0.003 364
6	167.45	−0.312	0.097 344
7	167.60	−0.162	0.026 244
8	167.88	0.118	0.013 924
9	167.85	0.088	0.007 744
10	167.60	−0.162	0.026 244
	$\bar{x}$=167.762	$\sum v_i$=0	$\sum v_i^2$=0.304 760

$$\sigma_s = \sqrt{\frac{\sum v_i^2}{n-1}} = \sqrt{\frac{0.304\,760}{10-1}} = 0.184$$

$$\sigma_{\bar{x}} = \frac{\sigma_s}{\sqrt{n}} = \frac{0.184}{\sqrt{10}} \approx 0.051$$

测量结果为：

$$x=167.762 \pm 0.051 \text{（概率 } P=0.682\,7\text{）}$$

或

$$x=167.762 \pm 3 \times 0.051 = 167.762 \pm 0.153 \text{（概率 } P=0.997\text{）}$$

2. 粗大误差的判别与坏值的舍弃

在重复测量得到的一系列测量值中，首先应将含有粗大误差的坏值剔除后，才可进行有关的数据处理。但是也应当防止无根据地随意丢掉一些误差大的测量值。对怀疑为坏值的数据，应当加以分析，尽可能找出产生坏值的明确原因，然后再决定取舍。实在找不出产生坏值的原因，或不能确定哪个测量值是坏值时，可以按照统计学的异常数据处理法则，判别坏值并加以舍弃。统计判别法的准则很多，在这里我们只介绍拉依达准则（3σ准则）。

在等精度测量情况下，得到 n 个测量值 x_1、x_2、$\cdots$、x_n，先算出其算术平均值 $\overline{x}$ 及剩余误差 $v_i = x_i - \overline{x}$（$i = 1, 2 \cdots, n$），并按贝塞尔公式 $\sigma = \sqrt{\dfrac{1}{n-1}\sum_{i=1}^{n} v_i^2}$ 算出标准误差 σ，若某个测量值 x_a 的剩余误差 v_a 满足下式：

$$|v_a| = |x_a - \overline{x}| > 3\sigma \tag{1-23}$$

则认为 x_a 是含有粗大误差的坏值，应予剔除。这就是拉依达准则。

使用此准则时应当注意，在计算 $\overline{x}$、v_i 和 σ 时，应当使用包含坏值在内的所有测量值。按照公式（1-23）剔除后，应重新计算 $\overline{x}$、v_i 和 σ，再用拉依达准则检验现有的测量值，看有无新的坏值出现。重复进行，直到检查不出新的坏值为止，此时所有测量值的剩余误差均在 $\pm 3\sigma$ 范围之内。

拉依达准则简便，易于使用，因此得到广泛应用。但它是以重复测量次数 $n \to \infty$ 时，数据按正态分布为前提的。当偏离正态分布，特别是测量次数 n 较小时，此准则并不可靠。因此，可采用其他统计判别准则。这里不再一一介绍。另外，除对粗大误差用剔除准则外，更重要的是提高工作人员的技术水平和工作责任心；保证测量条件稳定，防止因环境条件剧烈变化而产生的突变影响。

3. 系统误差的消除

在测量结果中，一般都含有系统误差、随机误差和粗大误差。我们可以采用 3σ 准则，剔除含有粗大误差的坏值，从而消除粗大误差对测量结果的影响。虽然随机误差是不可能消除的，但我们可以通过多次重复测量，利用统计分析的方法估算出随机误差的取值范围，从而减小随机误差对测量结果的影响。

系统误差，尽管其值固定或按一定规律变化，但往往不易从测量结果中发现，也不容易找到其变化规律；又不能像对待随机误差那样，用统计分析的方法确定它的存在和影响，而只能针对具体情况采取不同的处理措施，对此没有普遍适用的处理方法。

如何才能有效地找出系统误差的根源并减小或消除的关键是如何查找误差根源，这就需要对测量设备、测量对象和测量系统进行全面分析，了解其中有无产生明显系统误差的因素，并采取相应措施予以修正或消除。由于具体条件不同，在分析查找误差根源时并无一成不变的方法，这与测量者的经验和测量技术的发展密切相关，但我们可以从以下几个方面进行分析考虑。

（1）所用传感器、测量仪表或组成元件是否准确可靠。

例如，传感器或仪表灵敏度不高，仪表刻度不准确，变换器、放大器等性能不太优良，这些都可能引起常见的系统误差。

（2）测量方法是否完善。

例如，我们可以利用电位差计和标准电阻，采用对称测量法来测量未知电阻，如图 1-15（a）所示。图中，R_N 是已知电阻、R_x 是待测电阻。一般测量步骤是先测出 R_N 和 R_x 上的电压 U_N 和 U_x，然后按下式计算出 R_x 的值：

$$R_{\mathrm{X}} = \frac{U_{\mathrm{X}}}{U_{\mathrm{N}}} R_{\mathrm{N}} \tag{1-24}$$

但 U_N 和 U_x 的值不是在同一时刻测量的，而电流 I 随时间有较缓慢的变化，这个变化将给测量带来系统误差。假设电流 I 随时间的缓慢变化是与时间成线性关系的，如图 1-15（b）所示，如果在 t_1、t_2 和 t_3 三个等间隔的时刻，按照 U_x、U_N、U_x 的顺序测量，相应的电流变化量是 ε，则有：

在 t_1 时刻：R_x 上的电压为 $U_1 = IR_x$

在 t_2 时刻：R_N 上的电压为 $U_2 = (I - \varepsilon) R_N$

在 t_3 时刻：R_x 上的电压为 $U_3 = (I - 2\varepsilon) R_N$

联立上面三式，解方程组可得：

$$R_{\mathrm{X}} = \left(\frac{U_1 + U_3}{2U_2} \right) R_{\mathrm{N}} \tag{1-25}$$

采用这种方法测得的 R_x 就可消除电流 I 在测量过程中的缓慢变化而引入的线性系统误差。

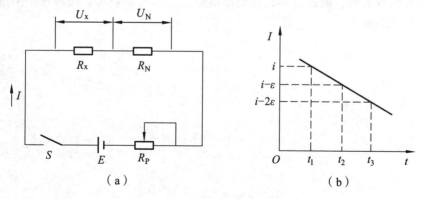

图 1-15　对称测量法应用

（3）传感器或仪表安装、调整或放置是否合理。

例如，安装时没有调好仪表水平位置，仪表指针偏心等都会引起系统误差。

（4）传感器或仪表工作场所的环境条件是否符合规定条件。

例如，环境温度、湿度、气压等的变化也会引起系统误差。

（5）测量者的操作是否正确。

分析查找了系统误差的产生根源后，应采取有效的措施予以修正或消除。消除系统误差的常用方法有：

（1）在测量结果中进行修正。

对于已知的系统误差，可以用修正值对测量结果进行修正；对于变值系统误差，设法找出误差的变化规律，用修正公式或修正曲线对测量结果进行修正；未知系统误差，则按随机误差进行处理。

（2）消除产生系统误差的根源。

在测量之前，仔细检查仪表，对仪表进行正确调整和安装；防止外界干扰影响；选择环境条件比较稳定时进行读数等。

（3）在测量系统中采用补偿措施。

找出系统误差的规律，在测量系统中采取补偿措施，自动消除系统误差。如用热电偶测量温度时，热电偶参考端温度变化引起系统误差，消除此误差的方法之一是在热电偶回路中加一个冷端补偿器，进行自动补偿。

（4）实时反馈修正。

由于微机自动测检技术的发展，可用实时反馈修正的方法来消除复杂变化的系统误差。当查明某种误差因素的变化对测量结果有明显的复杂影响时，应尽可能找出其影响测量结果的函数关系或近似的函数关系。在测量过程中，用传感器将这些误差因素的变化转换成某种物理量形式（一般为电量），及时按照其函数关系，通过计算机算出影响测量结果的误差值，对测量结果进行实时的自动修正。

第二章 温度传感

第一节 温度检测概念

温度是表征物体冷热程度的物理量。在人类社会的生产中、科研和日常生活中，温度的测量占有重要地位。但是温度不能直接测量，而是借助于某种物体的某种物理参数随温度冷热不同而明显变化的特性进行间接测量。

温度的表示（或测量）须有温度标准，即温标。理论上的热力学温标，是当前世界通用的国际温标。热力学温标确定的温度数值为热力学温度（符号为 T），单位为开尔文（符号为 K）。

热力学温度是国际上公认的最基本温度。我国目前实行的是国际摄氏温度（符号为 t）。两种温标的换算公式为：

$$t（℃）=T（K）-273.15 K \qquad\qquad （2-1）$$

进行间接温度测量使用的温度传感器，通常是由感温元件部分和温度显示部分组成，如图 2-1 所示。

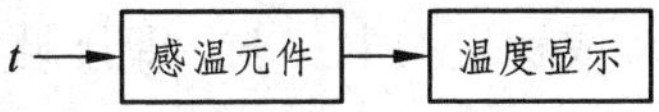

$$t \longrightarrow \boxed{感温元件} \longrightarrow \boxed{温度显示}$$

图 2-1 温度传感器组成框图

温度的测量方法，通常按感温元件是否与被测物接触而分为接触式测量和非接触式测量两大类。接触式测量应用的温度传感器具有结构简单、工作稳定可靠及测量精度高等优点，如膨胀式温度计、热电阻传感器等。非接触式测量应用的温度传感器，具有测量温度高，不干扰被测物温度等优点，但测量精度不高，如红外线高温传感器、光纤高温传感器等。

第二节 温度传感器

一、热电偶传感器

（一）热电偶测温原理

1. 热点效应

如图 2-2 所示，两种不同材料的导体 A 和 B 组成一个闭合回路时，若两接点温度不同，则在该回路中会产生电动势。这种现象称为热电效应，该电动势称为热电动势。热电动势是由两种导体的接触电动势和单一导体的温差电动势组成。图中两个接点，一个称为测量端，或称为热端；另一个称为参考端，或称为冷端。热电偶就是利用上述的热点效应来测量温度的。

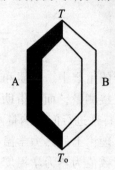

图 2-2　热电效应

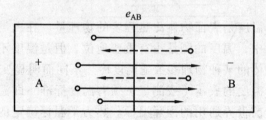

图 2-3　两种导体的接触电势

2. 两种导体的接触电势

假设两种金属 A、B 的自由电子密度分别为 n_A 和 n_B，且 $n_A > n_B$。当两种金属相接时，将产生自由电子的扩散现象。在同一瞬间，由 A 扩散到 B 中去的电子比由 B 扩散到 A 中去的多，从而使金属 A 失去电子带正电；金属 B 因得到电子带负电，在接触面形成电场。此电场阻止电子进一步扩散，达到动态平衡时，在 A、B 之间形成稳定的电位差，即接触电势 e_{AB}，如图 2-3 所示。

3. 绝对测量与相对误差

对于单一导体，如果两端温度分别为 T、T_0，且 $T > T_0$，导体中的自由电子在高温端具有较大的动能，因而向低温端扩散；高温端因失去了自由电子带正电，低温端获得了自由电子带负电，即在导体两端产生了电势，这个电势称为单一导体的温差电势，如图 2-4 所示。

势电偶回路中产生的总热电势，由图 2-5 可知：

$$E_{AB}(T, T_0) = e_{AB}(T) + e_B(T, T_0) - e_{AB}(T_0) - e_A(T, T_0) \tag{2-2}$$

或摄氏温度表示为：

$$E_{AB}(t, t_0) = e_{AB}(t) + e_B(t, t_0) - e_{AB}(t_0) - e_A(t, t_0) \tag{2-3}$$

式中　$E_{AB}(T, T_0)$——热电偶回路中的总电动势；

$e_{AB}(T)$——热端接触电势；

$e_B(T, T_0)$——B 导体温差电势；

$e_{AB}(T_0)$——冷端接触电势；

$e_A(T, T_0)$——A 导体温差电势。

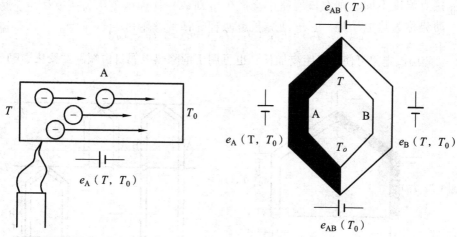

图 2-4　单一导体温差电势　　　　图 2-5　接触电势示意图

在总电势中，温差电势比接触电势小很多，可忽略不计，则热电偶的热电势可表示为：

$$E_{AB}(T, T_0) = e_{AB}(T) - e_{AB}(T_0)$$

对于已选定的热电偶，当参考端温度 T_0 恒定时，$E_{AB}(T_0) = c$ 为常数，则总的热电势就只与温度 T 成单值函数关系，即

$$E_{AB}(T, T_0) = e_{AB}(T) - c = f(T)$$

实际应用时可通过热电偶分度表查出温度值。分度表是在参考端温度为 0 ℃ 时，通过实验建立的热电势与工作端温度之间的数值对应关系。

4. 热电偶的基本定律

（1）中间导体定律。

在热电偶回路中接入第三种导体，只要该导体两端温度相等，则热电偶产生的总热电势不变。同理，在加入第四、第五种导体后，只要其两端温度相等，也同样不会影响电路中的总热电动势。中间导体定律如图 2-6 所示，可得回路总的热电势为：

$$E_{ABC}(T, T_0) = e_{AB}(T) - e_{AB}(T_0) = E_{AB}(T, T_0)$$

根据这个定律，我们可采取任何方式焊接导线，将热电势通过导线接至测量仪表进行测量，且不影响测量精度。

（2）中间温度定律。

在热电偶测量回路中，测量端温度为 T，自由端温度为 T_0，中间温度为 T_0'，如图 2-7 所示。则 T，T_0 热电势等于 T，T_0' 与 T_0'，T_0 热电势的代数和。

即

$$E_{AB}(T, T_0) = E_{AB}(T, T_0') + E_{AB}(T_0', T_0)$$

运用该定律可使测量距离加长，也可用于消除热电偶自由端温度变化影响。

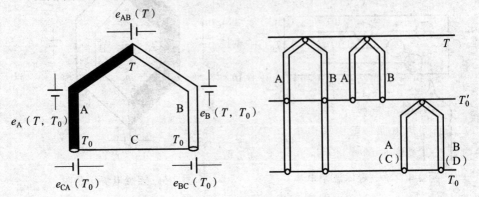

图 2-6　中间导体定律示意图　　　　图 2-7　中间温度定律示意图

（3）参考电极定律（也称组成定律）。

如图 2-8 所示，已知热电极 A、B 与参考电极 C 组成的热电偶在结点温度为 (T, T_0) 时的热电动势分别为 $E_{AC}(T, T_0)$、$E_{BC}(T, T_0)$，则相同温度下，由 A、B 两种热电极配对后的热电动势 $E_{AB}(T, T_0)$ 可按下面公式计算：

$$E_{AB}(T, T_0) = E_{AC}(T, T_0) - E_{BC}(T, T_0) \tag{2-4}$$

大大简化了热电偶选配电极的工作。

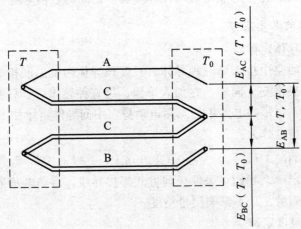

图 2-8　参考电极定律示意图

[例 2.1] 当 T 为 100 ℃，T_0 为 0 ℃时，铬合金-铂热电偶的 $E(100 ℃, 0 ℃) =$

+3.13 mV，铝合金-铂热电偶 E（100 °C，0 °C）为-1.02 mV，求铬合金-铝合金组成热电偶的热电势 E（100 °C，0 °C）。

解 设铬合金为 A，铝合金为 B，铂为 C。

即
$$E_{AC}（100\ °C，0\ °C）=+3.13\ mV$$
$$E_{BC}（100\ °C，0\ °C）=-1.02\ mV$$

则
$$E_{AB}（100\ °C，0\ °C）=+4.15\ mV$$

（二）热电偶的结构形式和标准化热电偶

1. 普通型热电偶

普通型热电偶一般由热电极、绝缘套管、保护管和接线盒组成。普通型热电偶按其安装时的连接形式可分为固定螺纹连接、固定法兰连接、活动法兰连接、无固定装置等多种形式，如图 2-9 所示

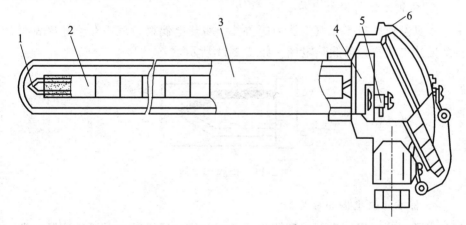

1—热电极；2—绝缘瓷管；3—保护管；4—接线座；5—接线柱；6—接线盒

图 2-9　直形无固定装置普通工业用热电偶

绝缘套管：热电偶的工作端被焊接在一起，热电极之间需要用绝缘套管保护。通常测量温度在 1 000 °C 以下选用黏土质绝缘套管，在 1 300 °C 以下选用高铝绝缘套管，在 1 600 °C 以下选用刚玉绝缘套管。

2. 铠装热电偶（缆式热电偶）

铠装热电偶也称缆式热电偶，是将热电偶丝与电熔氧化镁绝缘物溶铸在一起，外表再套不锈钢管等构成。这种热电偶耐高压、反应时间短、坚固耐用，如图 2-10 所示。

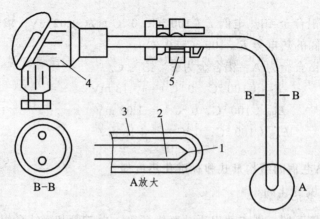

1—热电极；2—绝缘材料；3—金属套管；4—接线盒；5—固定装置

图 2-10　铠装热电偶

3. 两种导体的接触电势

用真空镀膜技术或真空溅射等方法，将热电偶材料沉积在绝缘片表面而构成的热电偶称为薄膜热电偶，如图 2-11 所示。

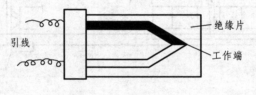

图 2-11　薄膜热电偶

4. 标准化热电偶和分度表

为了准确可靠地进行温度测量，必须对热电偶组成材料严格选择。常用的 4 种标准化热电偶丝材料为铂铑 $_{30}$-铂铑 $_6$、铂铑 $_{10}$-铂、镍铬-镍硅和镍铬-铜镍（我国通常称为镍铬-康铜）。组成热电偶的两种材料，写在前面的为正极，写在后面的为负极。

热电偶的热电动势与温度的关系表，称之为分度表。

热电偶（包括后面要介绍的金属热电阻及测量仪表）分度表是 IEC（国际电工委员会）发表的相关技术标准（国际温标）。该标准以表格的形式规定各种热电偶/阻在-271～2 300 ℃ 每一个温度点上的输出电动势（参考端温度为 0 ℃），各种热电偶/阻命名统一代号，称为分度号。我国于 1988 年 1 月 1 日起采用该标准（以前用的称之为旧标准），并指定 S、B、E、K、R、J、T 七种标准化热电偶为我国统一设计型热电偶。

5. 几种标准化热电偶性能

（1）铂铑$_{10}$-铂热电偶（分度号为 S，也称为单铂铑热电偶，旧分度号为LB-3）特点是性能稳定，精度高，抗氧化性强，长期使用温度可达 1300 ℃。

（2）铂铑$_{13}$-铂热电偶（分度号为 R，也称为单铂铑热电偶）同 S 型相比，它的热电动势率大 15%左右，其他性能几乎相同。

（3）铂铑$_{30}$-铂铑$_6$热电偶（分度号为 B，也称为双铂铑热电偶，旧分度号为 LL-2）在室温下，其热电动势很小，故在测量时一般不用补偿导线，可忽略冷端温度变化的影响。长期使用温度为 1 600 ℃，短期为 1 800 ℃。因热电动势较小，故需配用灵敏度较高的显示仪表。即使在还原气氛下，其寿命也是 R 或 S 型的 10～20 倍。缺点是价格昂贵。

（4）镍铬-镍硅（镍铝）热电偶（分度号为 K，旧分度号为 EU-2）是抗氧化性较强的贱金属热电偶，可测量 0～1 300 ℃温度。热电动势与温度的关系近似线性，价格便宜，是目前用量最大的热电偶。

（5）铜-铜镍热电偶（分度号为 T，旧分度号为 CK）价格便宜，使用温度是-200～350 ℃。

（6）铁-铜镍热电偶（分度号为 J）价格便宜，适用于真空、氧化或惰性气氛中，温度范围为-200～800 ℃。

（7）镍铬-铜镍热电偶（分度号为 E，旧分度号为 EA-2）是一种较新的产品，裸露式结构无保护管。在常用的热电偶中，其热电动势最大。适用于 0～400 ℃温度范围。

（三）热电偶测温及参考端温度补偿

1. 热电偶测温基本电路

热电偶测温基本电路如图 2-12 所示。其中，图（a）表示了测量某点温度连接示意图，图（b）表示两个热电偶并联测量两点平均温度，图（c）为两热电偶正向串联测两点温度之和，图（d）为两热电偶反向串联测量两点温差。

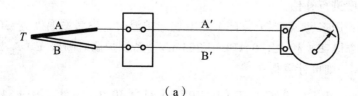

（a）

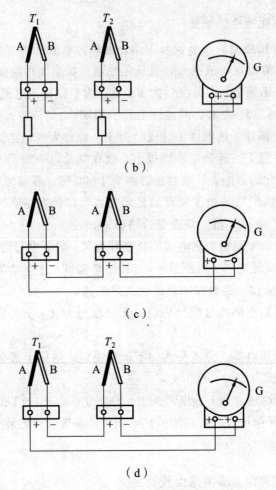

图 2-12　常用的热电偶测温电路示意图

2. 热电偶参考端的补偿

热电偶分度表给出的热电动势值的条件是参考端温度为 0 ℃。如果用热电偶测温时自由端温度不为 0 ℃，必然产生测量误差，应对热电偶自由端（参考端）温度进行补偿。

例如：用 K 型（镍铬-镍硅）热电偶测炉温时，参考端温度 t_0=30 ℃，由分度表可查得 E（30 ℃，0 ℃）=1.203 mV。若测炉温时测得 E（t，30 ℃）= 28.344 mV，则可计算得：

$$E（t，0 ℃）=E（t，30 ℃）+E（30 ℃，0 ℃）=29.547 mV$$

由 29.547 mV 再查分度表得 t=710 ℃，是炉温。

二、金属热电阻传感器

金属热电阻传感器一般称作热电阻传感器，是利用金属导体的电阻值随温度的变化而变化的原理进行测温的。金属热电阻的主要材料是铂、铜、镍。热电阻广泛用来测量-220～+850 ℃ 的温度，少数情况下，低温可测量至 1 K（-272 ℃），高温可测量至 1 000 ℃。最基本的热电阻传感器由热电阻、连接导线及显示仪表组成，如图 2-13 所示。

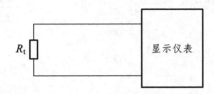

图 2-13　金属热电阻传感器测量示意图

（一）热电偶的温度特性

1. 铂热电阻的电阻-温度特性

铂电阻的特点是测温精度高，稳定性好，得到了广泛应用，应用温度范围为-200～850 ℃。铂电阻的电阻-温度特性，在-200～850 ℃ 的温度范围内为：

$$R_t=R_0[1+A_t+B_t{}^2+Ct^3（t-100）]\qquad（2-5）$$

在 0～850 ℃ 的温度范围内为：

$$R_t=R_0（1+A_t+B_t{}^2）$$

2. 铜热电阻的电阻-温度特性

由于铂是贵金属，在测量精度要求不高，温度范围在-50～150 ℃ 时普遍采用铜电阻。铜电阻与温度间的关系为：

$$R_t=R_0（1+\alpha_1t+\alpha_2t^2+\alpha_3t^3）\qquad（2-6）$$

由于 α_2、α_3 比 α_1 小得多，所以可以简化为：

$$R_t\approx R_0（1+\alpha_1t）\qquad（2-7）$$

（二）热电偶传感器的结构

热电阻传感器由电阻体、绝缘管、保护套管、引线和接线盒等组成，如图 2-14 所示。

如果当热电阻传感器外接引线较长时，引线电阻的变化就会使测量结果有较大误差。为减小误差，可采用三线制链接法电桥测量电路或四线制链接法电桥测量电路，具体可参考有关资料。

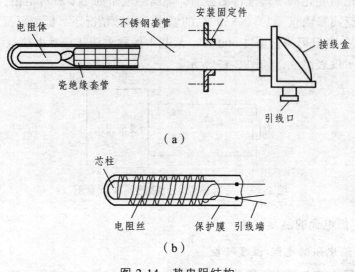

（a）

（b）

图 2-14　热电阻结构

三、集成温度传感器

集成温度传感器具有体积小、线性好、反应灵敏等优点，所以应用十分广泛。集成温度是把感温元件（常为 PN 结）与有关的电子线路集成在很小的硅片上封装而成的。由于 PN 结不能耐高温，所以集成温度传感器通常测量 150 ℃ 以下的温度。按输出量不同可分为：电流型、电压型和频率型（输出信号为振荡信号，其频率随测量温度而变化）三大类。

（一）集成温度传感器基本工作原理

图 2-15 为集成温度传感器原理示意图。其中 V_1、V_2 为差分对管，由恒流源提供的 I_1、I_2 分别为 V_1、V_2 的集电极电流，则 ΔU_{be} 为

$$\Delta U_{be} = \frac{KT}{q} \ln\left(\frac{I_1}{I_2}\gamma\right) \tag{2-8}$$

只要 I_1/I_2 为一恒定值，则 ΔU_{be} 与温度 T 为单值线性函数关系。这就是集成温度传感器的基本工作原理。

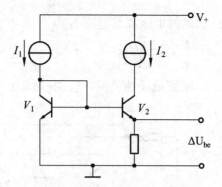

图 2-15　集成温度传感器基本原理图

（二）电压输出型集成温度传感器

如图 2-16 所示，V_1、V_2 为差分对管，调节电阻 R_1，可使 $I_1=I_2$。当对管 V_1、V_2 的 β 值大于等于 1 时，电路输出电压 U_o 为：

$$U_o = I_2 R_2 = \frac{\Delta U_{be}}{R_1} R_2 \qquad （2-9）$$

由此可得：

$$\Delta U_{be} = \frac{U_o R_1}{R_2} = \frac{KT}{q} \ln \gamma \qquad （2-10）$$

R_1、R_2 不变，则 U_o 与 T 成线性关系。若 $R_1=940\ \Omega$，$R_2=30\ K\Omega$，$\gamma=37$，则输出温度系数为：$10\ mV/K$。

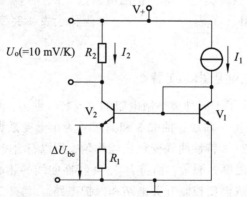

图 2-16　电压输出型原理电路图

（三）电流输出型集成温度传感器

如图 2-17 所示，对管 V_1、V_2 作为恒流源负载，V_3、V_4 作为感温元件，V_3、

V_4发射结面积之比为 γ，此时电流源总电流 I_T 为

$$I_T = 2I_1 = \frac{2\Delta U_{be}}{R} = \frac{2KT}{qR}\ln\gamma \qquad (2-11)$$

当 R、γ 为恒定量时，I_T 与 T 成线性关系。若 $R=358\ \Omega$，$\gamma=8$，则电路输出温度系数为 $1\ \mu A/K$。

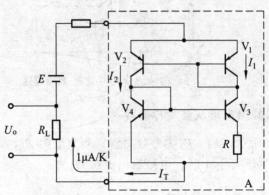

图 2-17　电流输出型原理电路图

四、半导体热敏传感器

半导体热敏电阻简称热敏电阻，是一种新型的半导体测温元件。热敏电阻是利用某些金属氧化物或单晶锗、硅等材料，按特定工艺制成的感温元件。热敏电阻可分为三种类型，即：正温度系数（PTC）热敏电阻、负温度系数（NTC）热敏电阻、在某一特定温度下电阻值会发生突变的临界温度电阻器（CTR）。

（一）热敏电阻是（R_t-t）特性

图 2-18 列出了不同种类热敏电阻的 R_t-t 特性曲线。曲线 1 和曲线 2 为负温度系数（NTC 型）曲线，曲线 3 和曲线 4 为正温度系数（PTC 型）曲线。由图中可看出，2、3 特性曲线变化比较均匀，所以符合 2、3 特性曲线的热敏电阻，更适用于温度的测量，而符合 1、4 特性曲线的热敏电阻因特性变化陡峭则更适用于组成温度控制开关电路和保护电路。

由热敏电阻 R_t-t 特性曲线可以得出如下结论：

（1）热敏电阻的温度系数值远大于金属热电阻，所以灵敏度很高。

（2）同温度情况下，热敏电阻阻值远大于金属热电阻。所以连接导线电阻的影响极小，适用于远距离测量。

（3）热敏电阻 R_t-t 曲线非线性十分严重，所以其测量温度范围远小于金属热电阻。

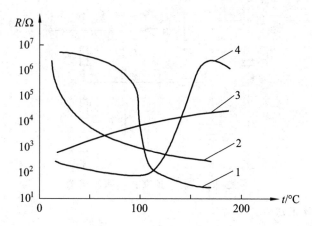

1—突变型 NTC；2—负指数型 NTC；3—线性型 PTC；4—突变型 PTC

图 2-18　各种热敏电阻的特性曲线

（二）热敏电阻温度测量非线性修正

1. 线性化网络

利用包含有热敏电阻的电阻网络（常称线性化网络）来代替单个的热敏电阻，使网络电阻 R_T 与温度成单值线性关系。其一般形式如图 2-19 所示。

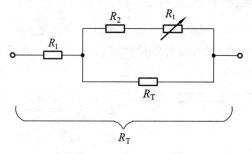

图 2-19　线性化网络

2. 利用电阻测量装置中其他部件的特性进行综合修正

图 2-20 是一个温度-频率转换电路，把热敏电阻 R_t 随温度的变化转变为电容 C 的充、放电频率的变化输出。

虽然电容 C 的充、放电特性是非线性特性，但适当地选取线路中的电阻 R_2 和 R，可以在一定的温度范围内得到近于线性的温度-频率转换特性。

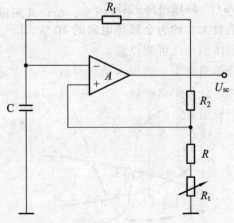

图 2-20　温度-频率转换器原理图

3. 计算修正法

在带有微处理机（或微计算机）的测量系统中，当已知热敏电阻器的实际特性和要求的理想特性时，可采用线性插值法将特性分段，并把各分段点的值存放在计算机的存储器内。

计算机将根据热敏电阻器的实际输出值进行校正计算后，给出要求的输出值。

五、负温度系数热敏电阻

（一）负温度系数热敏电阻性能

负温度系数（NTC）热敏电阻是一种氧化物的复合烧结体，其电阻值随温度的增加而减小。外形结构有多种形式，如图 2-21 所示，做成传感器时还需要封装和用长导线引出。

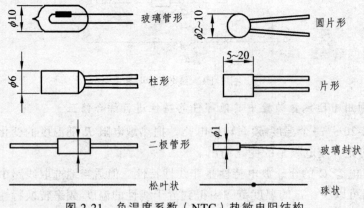

图 2-21　负温度系数（NTC）热敏电阻结构

负温度系数（NTC）热敏电阻的特点：

（1）电阻温度系数大，约为金属热电阻的 10 倍。

（2）结构简单，体积小，可测点温。

（3）电阻率高，热惯性小，适用于动态测量。

（4）易于维护和进行远距离控制。

（5）制造简单，使用寿命长。

（6）互换性差，非线性严重。

（二）负温度系数热敏电阻温度方程

热敏电阻值 R_T 和 R_0 与温度 T_T 和 T_0 的关系为：

$$R_T = R_0 e^{(B/T_T - B/T_0)}$$

（三）负温度系数热敏电阻主要特性

1. 标称阻值

厂家通常将热敏电阻 25 ℃ 时的零功率电阻值作为 R_0，称为额定电阻值或标称阻值，记作 R_{25}。85 ℃ 时的电阻值 R_{85} 记作 R_T。标称阻值常在热敏电阻上标出。R_{85} 也由厂家给出。

2. B 值

将热敏电阻 25 ℃ 时的零功率电阻值 R_0 和 85 ℃ 时的零功率电阻值 R_T，以及 25 ℃ 和 85 ℃ 的绝对温度 T_0=298 K 和 T_T=358 K 代入负温度系数热敏电阻温度方程，可得：

$$B = 1778 \ln \frac{R_{25}}{R_{85}}$$

B 值称为热敏电阻常数，是表征负温度系数热敏电阻热灵敏度的量。B 值越大，负温度系数热敏电阻的热灵敏度越高。

3. 电阻温度系数 σ

热敏电阻在其自身温度变化 1 ℃ 时，电阻值的相对变化量称为热敏电阻的电阻温度系数 σ。

$$\sigma = -\frac{B}{T^2}$$

由上式可知：

① 热敏电阻的温度系数为负值。

② 温度减小，电阻温度系数 σ 增大。在低温时，负温度系数热敏电阻的温度系数比金属热电阻丝高得多，故常用于低温测量（-100 ~ 300 ℃）。

4. 额定功率

额定功率是指负温度系数热敏电阻在环境温度为 25 ℃，相对湿度为 45% ~ 80%，大气压为 0.87 ~ 1.07 bar 的条件下，长期连续负荷所允许的耗散功率。

5. 耗散系数 δ

耗散系数 δ 是负温度系数热敏电阻流过电流消耗的热功率（W）与自身温升值（$T - T_0$）之比，单位为 $W \cdot ℃^1$。

$$\delta = \frac{W}{T - T_0}$$

6. 热时间常数 τ

负温度系数热敏电阻在零功率条件下放入环境温度中，不可能立即变为与环境温度相同。热敏电阻本身的温度在放入环境温度之前的初始值和达到与环境同温度的最终值之间改变 63.2% 所需的时间叫做热时间常数，用 τ 表示。

第三章　采集环境搭建

第一节　Keil 环境构建

Keil C51 是美国 Keil Software 公司出品的 51 系列兼容单片机 C 语言软件开发系统，与汇编相比，C 语言在功能上、结构性、可读性、可维护性上有明显的优势，因而易学易用。Keil 提供了包括 C 编译器、宏汇编、链接器、库管理和一个功能强大的仿真调试器等在内的完整开发方案，通过一个集成开发环境（μVision）将这些部分组合在一起。运行 Keil 软件需要 WIN98、NT、WIN2000、WINXP 等操作系统。

Keil μVision2 使用接近于传统 C 语言的语法来开发。与汇编相比，C 语言易学易用，而且大大提高了工作效率和项目开发周期。还能在关键的位置嵌入汇编，使程序达到接近于汇编的工作效率。Keil C51 标准 C 编译器为 8051 微控制器的软件开发提供了 C 语言环境，同时保留了汇编代码高效、快速的特点。C51 编译器的功能不断增强，更加贴近 CPU 本身及其他的衍生产品。C51 已被完全集成到 μVision2 的集成开发环境中，这个集成开发环境包括：编译器、汇编器、实时操作系统、项目管理器、调试器。μVision2 IDE 可为它们提供单一而灵活的开发环境。

Keil 软件界面经历了 μVision2、μVision3、μVision4，2013 年 10 月发布了最新的 Keil μVision5。Keil 开发环境构建如下，准备并解压软件如图 3-1 所示。

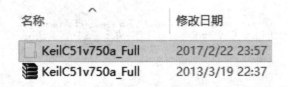

图 3-1　软件解压

名称	修改日期
addon	2016/1/28 15:54
c51	2016/1/28 15:54
c51E	2016/1/28 15:54
KeilC51v750a_Full	2017/2/22 23:57
sentinel	2016/1/28 15:54
setup	2016/1/28 15:54
uv2	2016/1/28 15:54
TOOLS	2013/3/19 22:37
uv3c51	2013/3/19 22:37
www.pudn.com	2013/3/19 22:37
安装说明	2013/3/19 22:37

图 3-2　软件安装

名称	修改日期	类型	大小
Driver	2016/1/28 15:54	文件夹	
data1	2013/3/19 22:37	WinRAR 压缩文件	643 KB
data1.hdr	2013/3/19 22:37	HDR 文件	20 KB
data2	2013/3/19 22:37	WinRAR 压缩文件	670 KB
ikernel.ex_	2013/3/19 22:37	EX_ 文件	337 KB
layout.bin	2013/3/19 22:37	BIN 文件	1 KB
LICENSE	2013/3/19 22:37	文本文档	8 KB
LIMITS	2013/3/19 22:37	文本文档	3 KB
SETUP	2013/3/19 22:37	BMP 文件	137 KB
Setup	2013/3/19 22:37	应用程序	55 KB
SETUP	2013/3/19 22:37	配置设置	1 KB
Setup.lnx	2013/3/19 22:37	INX 文件	212 KB

图 3-3　软件安装

进入安装向导，选择"Full Verson"安装，如图 3-4 所示。

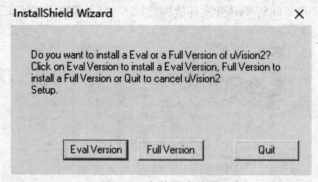

图 3-4　安装版本选择

X

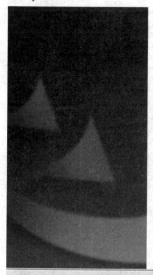

Welcome to uVision2 Setup Release 11/2004

The InstallShield?Wizard will install uVision2 on your computer.

It is strongly recommended that you exit all Windows programs before running this Setup program.

< Back   Next >   Cancel

图 3-5　安装界面

Setup uVision2   X

License Agreement

Please read the following license agreement carefully.

Press the PAGE DOWN key to see the rest of the agreement.

END-USER LICENSE AGREEMENT

IMPORTANT-READ THIS AGREEMENT CAREFULLY. This END-USER LICENSE AGREEMENT is a legal agreement between you (either an individual or an entity) and KEIL ELEKTRONIK GmbH / KEIL SOFTWARE, Inc. (KEIL). The SOFTWARE PRODUCT includes computer software, the associated media, any printed materials, and any "online" or "electronic" documentation. By installing, copying, or otherwise using the SOFTWARE PRODUCT, you agree to be bound by the terms of this END-USER LICENSE AGREEMENT. If you do not agree to the terms of this END-USER LICENSE AGREEMENT, KEIL is unwilling to license the SOFTWARE PRODUCT to you. In such

Do you accept all the terms of the preceding License Agreement? If you choose No, the setup will close. To install uVision2, you must accept this agreement.

InstallShield

< Back   Yes   No

图 3-6　安装过程

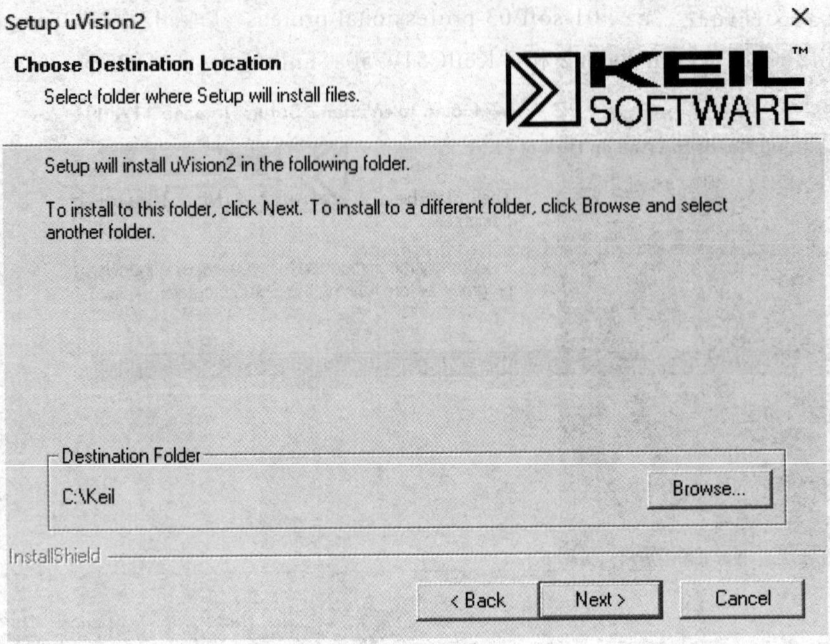

Setup uVision2
Choose Destination Location
Select folder where Setup will install files.
KEIL SOFTWARE
Setup will install uVision2 in the following folder.
To install to this folder, click Next. To install to a different folder, click Browse and select another folder.
Destination Folder
C:\Keil
Browse...
InstallShield
< Back
Next >
Cancel

图 3-7　安装路径选择

输入序列号、名字、公司名称及邮箱，如图 3-8 所示。

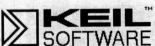

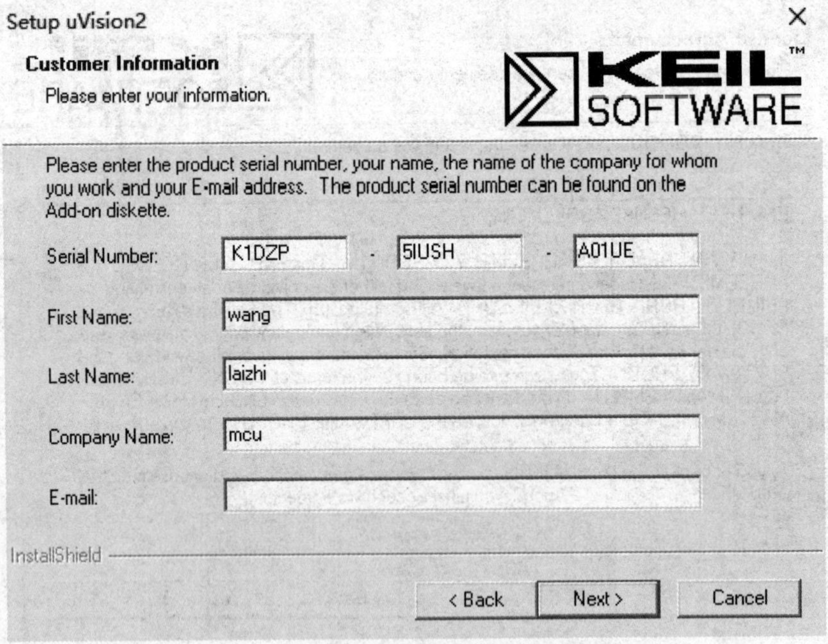

Setup uVision2
Customer Information
Please enter your information.
KEIL SOFTWARE
Please enter the product serial number, your name, the name of the company for whom you work and your E-mail address. The product serial number can be found on the Add-on diskette.
Serial Number:
K1DZP
5IUSH
A01UE
First Name:
wang
Last Name:
laizhi
Company Name:
mcu
E-mail:
InstallShield
< Back
Next >
Cancel

图 3-8　输入安装序列号

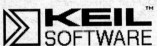

安装文件路径：E：\01-soft\03-professional\proteus7.1+keil2+联调\proteus 7.1+keil2+联调\Keil uVision2 和 3\KeilC51v750a_Full\setup\..\ADDON

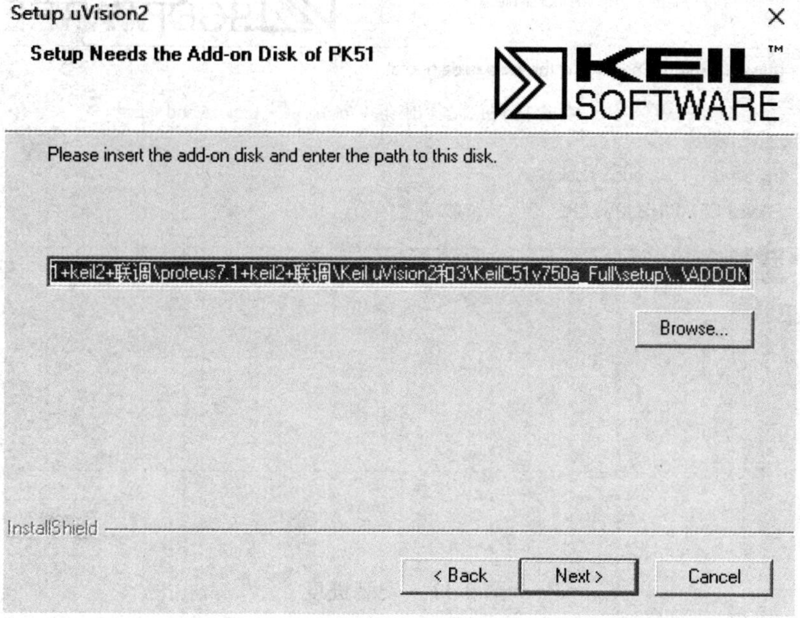

Setup uVision2   ✕

Setup Needs the Add-on Disk of PK51

KEIL™
SOFTWARE

Please insert the add-on disk and enter the path to this disk.

`1+keil2+联调\proteus7.1+keil2+联调\Keil uVision2和3\KeilC51v750a_Full\setup\..\ADDON`

Browse...

InstallShield

< Back   Next >   Cancel

图 3-9　安装文件路径

Setup uVision2   ✕

Install Device Driver for Security Key

KEIL™
SOFTWARE

Setup installs a Driver for the Security Key. Setup configures the driver and updates older versions. For detailed information refer to the file E:\01-soft\03-professional\proteus7.1+keil2+

☑ Install Security Key Driver (recommended)

InstallShield

< Back   Next >   Cancel

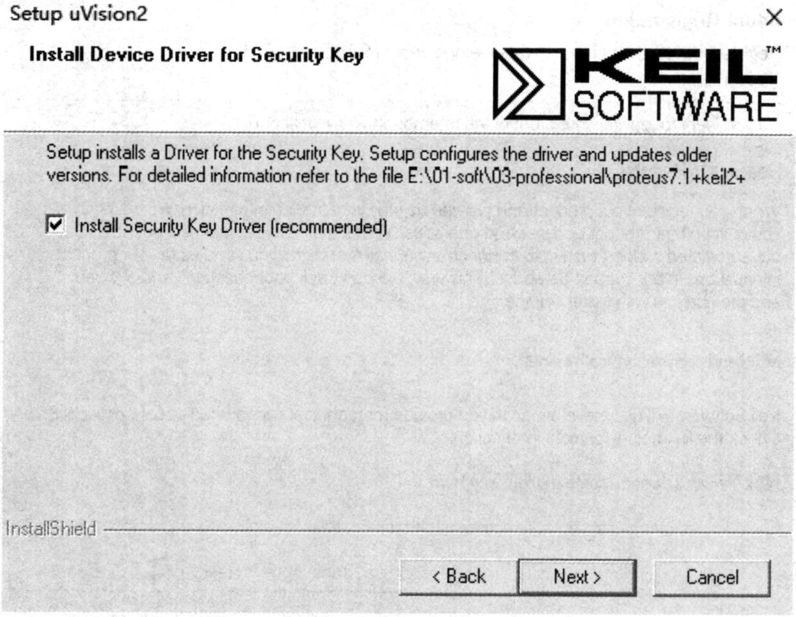

图 3-10　安装

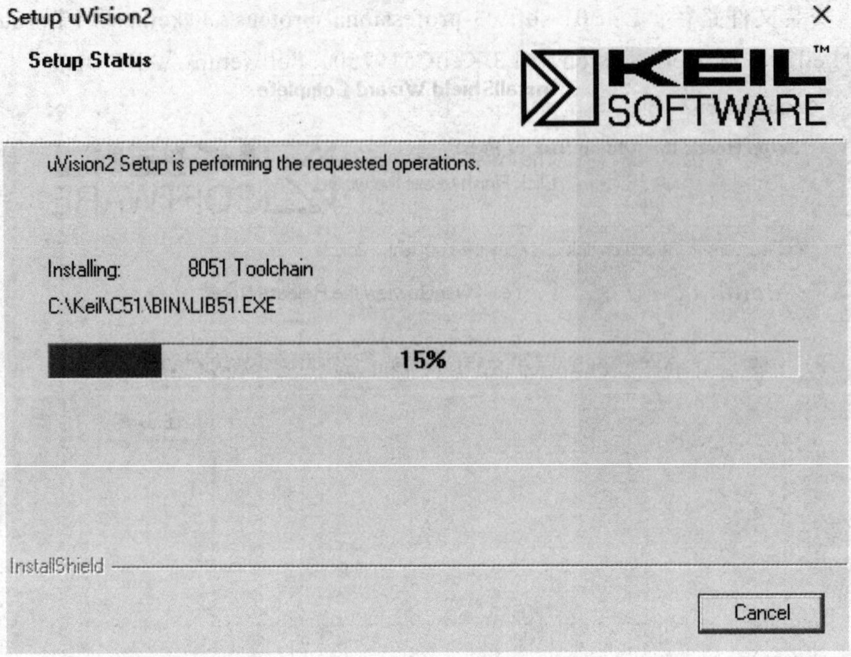

Setup uVision2   ✕

Setup Status

uVision2 Setup is performing the requested operations.

Installing: 8051 Toolchain

C:\Keil\C51\BIN\LIB51.EXE

[████████   ] **15%**

InstallShield ───

                                                    Cancel

图 3-11   安装进度

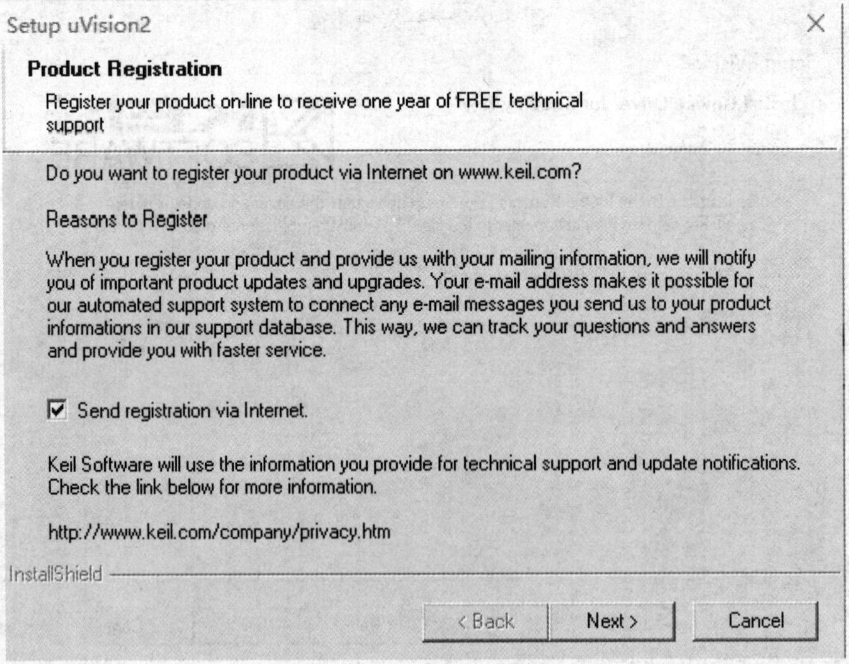

Setup uVision2   ✕

Product Registration

Register your product on-line to receive one year of FREE technical
support

Do you want to register your product via Internet on www.keil.com?

Reasons to Register

When you register your product and provide us with your mailing information, we will notify
you of important product updates and upgrades. Your e-mail address makes it possible for
our automated support system to connect any e-mail messages you send us to your product
informations in our support database. This way, we can track your questions and answers
and provide you with faster service.

☑ Send registration via Internet.

Keil Software will use the information you provide for technical support and update notifications.
Check the link below for more information.

http://www.keil.com/company/privacy.htm

InstallShield ───

                          < Back   Next >   Cancel

图 3-12   在线帮助勾选

Setup uVision2

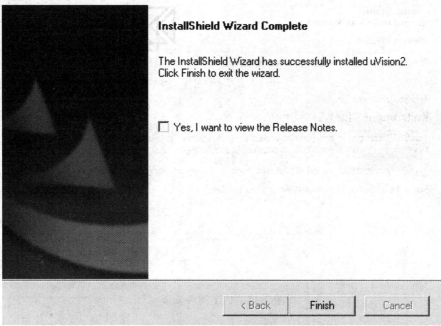

InstallShield Wizard Complete

The InstallShield Wizard has successfully installed uVision2.
Click Finish to exit the wizard.

☐ Yes, I want to view the Release Notes.

⟨ Back　　　Finish　　　Cancel

图 3-13　完成安装

名称 ∧	修改日期
addon	2016/1/28 15:54
c51	2016/1/28 15:54
c51E	2016/1/28 15:54
KeilC51v750a_Full	2017/2/22 23:57
sentinel	2016/1/28 15:54
setup	2016/1/28 15:54
uv2	2016/1/28 15:54
TOOLS	2013/3/19 22:37
uv3c51	2013/3/19 22:37
www.pudn.com	2013/3/19 22:37
安装说明	2013/3/19 22:37

图 3-14　安装 uv3

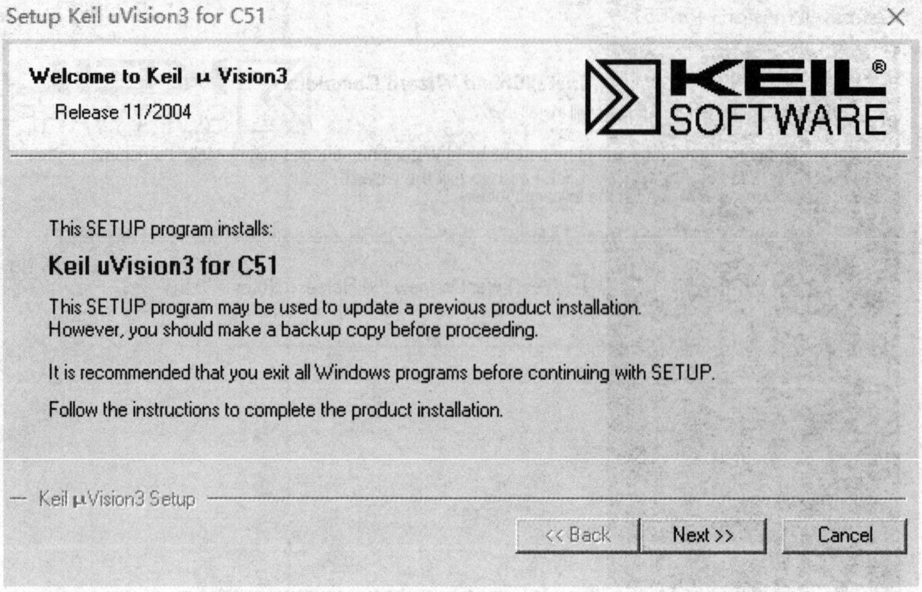

Setup Keil uVision3 for C51 ✕

Welcome to Keil μ Vision3

Release 11/2004

This SETUP program installs:

Keil uVision3 for C51

This SETUP program may be used to update a previous product installation.
However, you should make a backup copy before proceeding.

It is recommended that you exit all Windows programs before continuing with SETUP.

Follow the instructions to complete the product installation.

— Keil μVision3 Setup

<< Back   Next >>   Cancel

图 3-15　C51 组件安装

Setup Keil uVision3 for C51 ✕

License Agreement

Please read the following license agreement carefully.

To continue with SETUP, you must accept the terms of the License Agreement. To accept the agreement, click the check box below.

License Agreement

IMPORTANT-READ THIS AGREEMENT CAREFULLY

This END-USER LICENSE AGREEMENT is a legal agreement between you
(either an individual or an entity) and KEIL ELEKTRONIK GmbH / KEIL
SOFTWARE, Inc. (KEIL). The SOFTWARE PRODUCT includes computer

☑ I agree to all the terms of the preceding License Agreement

— Keil μVision3 Setup

<< Back   Next >>   Cancel

图 3-16　安装过程

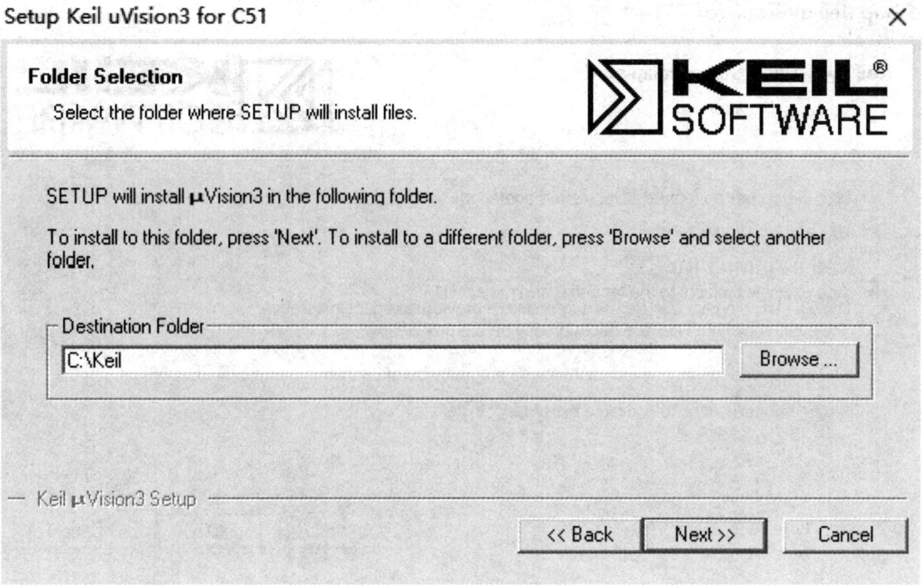

图 3-17　安装路径

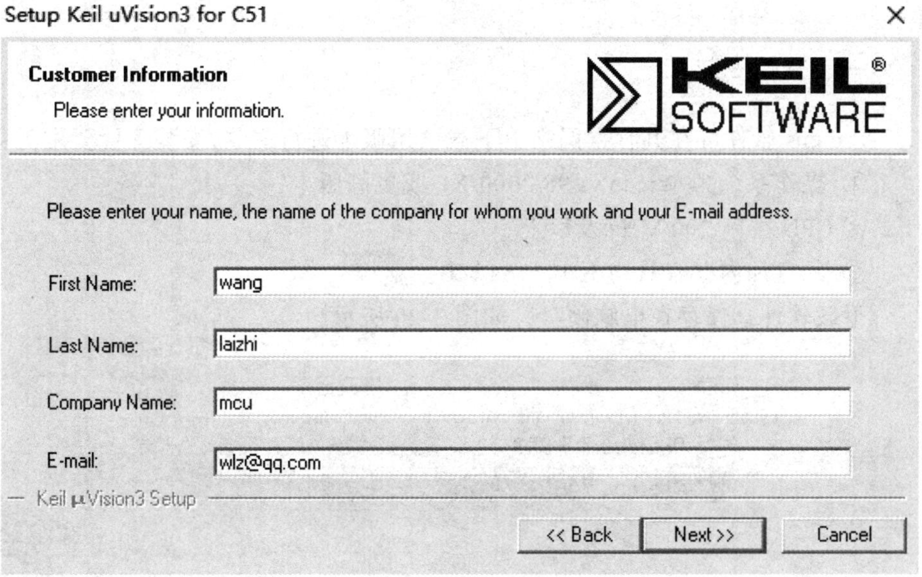

图 3-18　安装基本信息填写

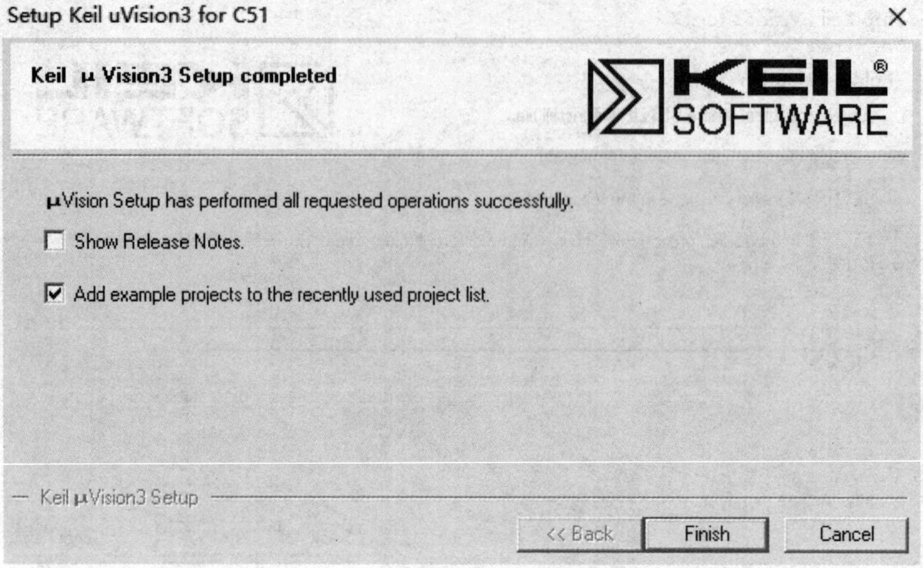

Setup Keil uVision3 for C51   ✕

Keil μ Vision3 Setup completed   ▷▷ KEIL®
SOFTWARE

μVision Setup has performed all requested operations successfully.

☐ Show Release Notes.

☑ Add example projects to the recently used project list.

— Keil μVision3 Setup

    << Back   Finish   Cancel

图 3-19　完成安装

第二节　Proteus 环境构建

一、软件安装

Proteus 软件可在其官方网站上下载试用版本进行安装,安装环境要求为:
① 操作系统为 Windows 98/2000/XP 或更高版本;
② CPU 主频 200 MHz 及以上;
③ 硬盘和内存容量均不小于 64 MB。
下载软件,保存在电脑硬盘,如图 3-20 所示。

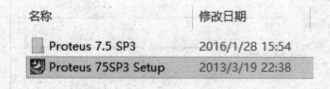

名称	修改日期
▨ Proteus 7.5 SP3	2016/1/28 15:54
⬛ Proteus 75SP3 Setup	2013/3/19 22:38

图 3-20　软件目录

Proteus Professional - InstallShield Wizard
Preparing Setup
Please wait while the InstallShield Wizard prepares the setup.
Question
Proteus Professional requires WINHELP support for Windows Vista.
Do you wish to install it now?
是(Y)
否(N)
InstallShield
Cancel

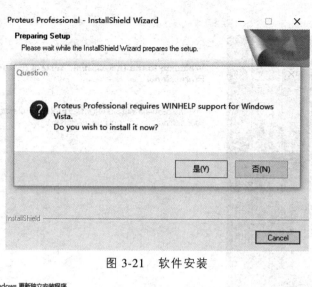

图 3-21　软件安装

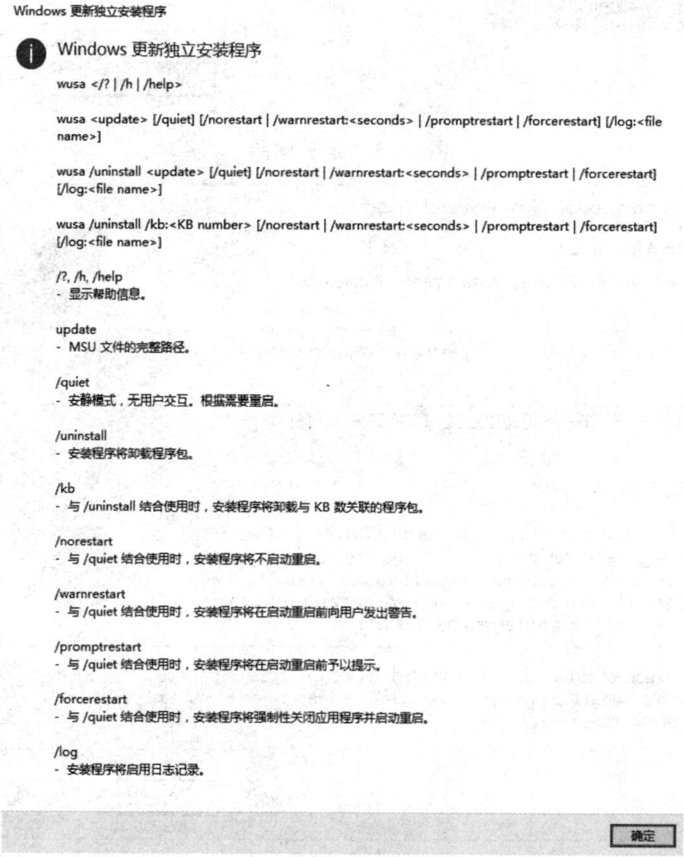
Windows 更新独立安装程序
Windows 更新独立安装程序
wusa </? | /h | /help>
wusa <update> [/quiet] [/norestart | /warnrestart:<seconds> | /promptrestart | /forcerestart] [/log:<file name>]
wusa /uninstall <update> [/quiet] [/norestart | /warnrestart:<seconds> | /promptrestart | /forcerestart] [/log:<file name>]
wusa /uninstall /kb:<KB number> [/norestart | /warnrestart:<seconds> | /promptrestart | /forcerestart] [/log:<file name>]
/?, /h, /help
- 显示帮助信息。
update
- MSU 文件的完整路径。
/quiet
- 安静模式，无用户交互。根据需要重启。
/uninstall
- 安装程序将卸载程序包。
/kb
- 与 /uninstall 结合使用时，安装程序将卸载与 KB 数关联的程序包。
/norestart
- 与 /quiet 结合使用时，安装程序将不启动重启。
/warnrestart
- 与 /quiet 结合使用时，安装程序将在启动重启前向用户发出警告。
/promptrestart
- 与 /quiet 结合使用时，安装程序将在启动重启前予以提示。
/forcerestart
- 与 /quiet 结合使用时，安装程序将强制性关闭应用程序并启动重启。
/log
- 安装程序将启用日志记录。
确定

图 3-22　更新安装

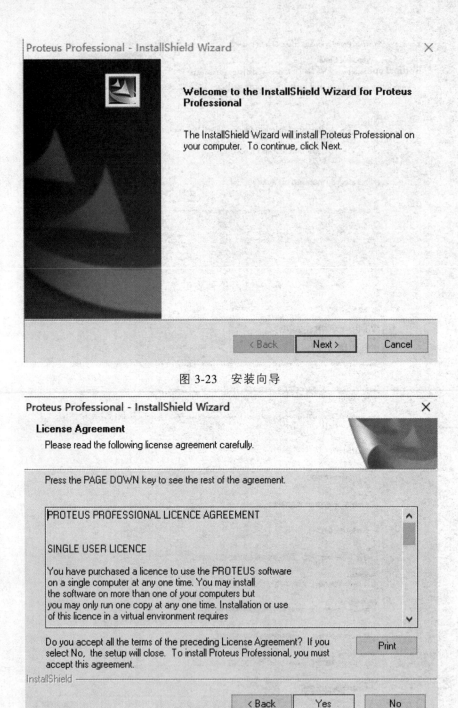

图 3-23　安装向导

图 3-24　序列号管理接受

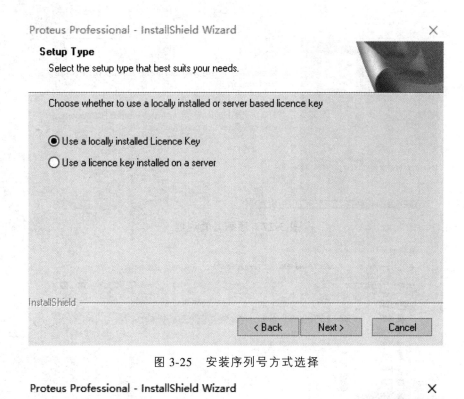

图 3-25　安装序列号方式选择

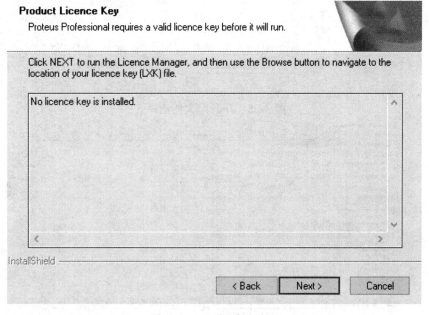

图 3-26　无序列号提示

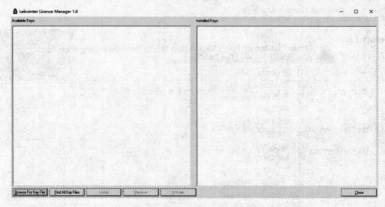

图 3-27　序列号管理器

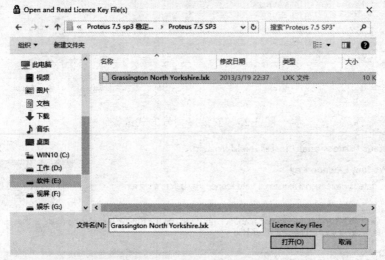

图 3-28　序列号文件选择

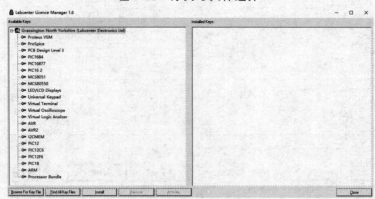

图 3-29　序列号文件导入

Labcenter Licence Manager 1.6

**Install customer key 'Grassington North Yorkshire (Labcenter
Electronics Ltd)' and product keys:**
[1]   Proteus VSM
[2]   ProSpice
[3]   PCB Design Level 3
[4]   PIC1684
[5]   PIC16877
[6]   PIC16 2
[7]   MCS8051
[8]   MCS80550
[9]   LED/LCD Displays
[10]   Universal Keypad
[11]   Virtual Terminal
[12]   Virtual Oscilloscope
[13]   Virtual Logic Analizer
[14]   AVR
[15]   AVR2
[16]   I2CMEM
[17]   PIC12
[18]   PIC12C6
[19]   PIC12F6
[20]   PIC18
[21]   ARM
[22]   Processor Bundle

Do you wish to continue?

是(Y)   否(N)

图 3-30   序列号导入

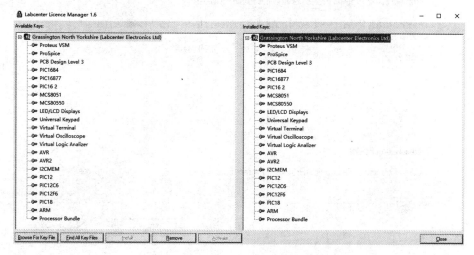

图 3-31   序列号安装

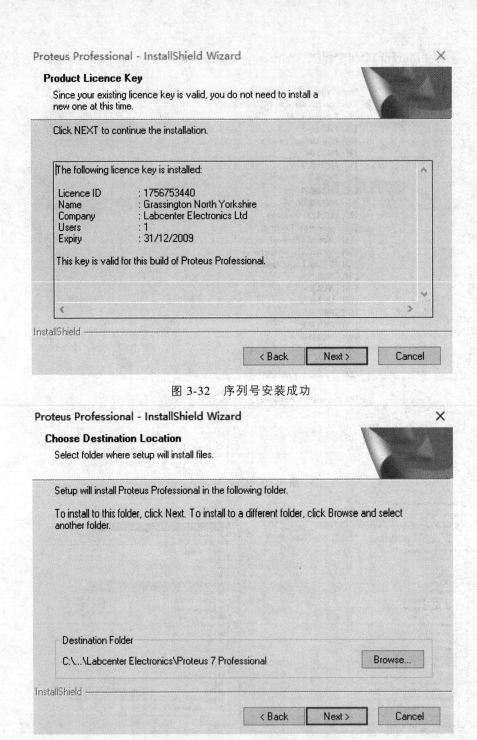

图 3-32　序列号安装成功

图 3-33　软件安装路径选择

C：\Program Files（x86）\Labcenter Electronics\Proteus 7 Professional

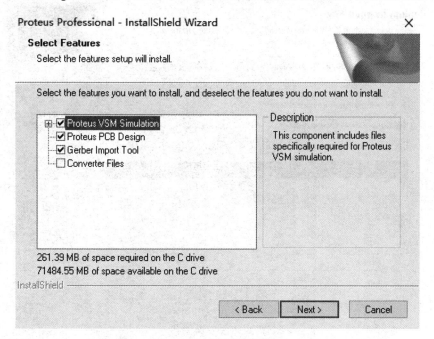

图 3-34　安装组件选择

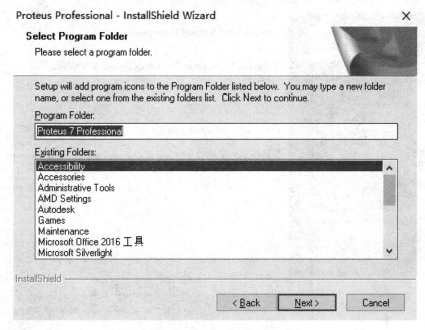

图 3-35　默认安装文件

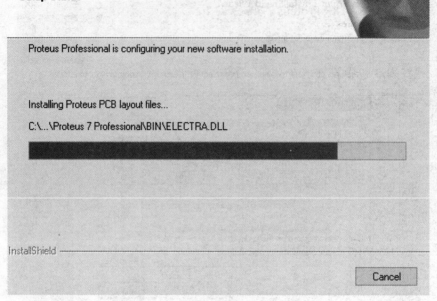

图 3-36　安装进度

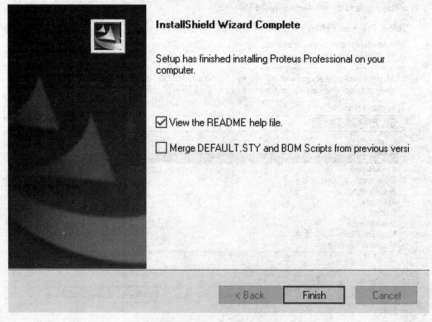

图 3-37　完成安装

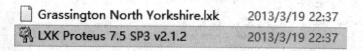

| Grassington North Yorkshire.lxk | 2013/3/19 22:37 |
| LXK Proteus 7.5 SP3 v2.1.2 | 2013/3/19 22:37 |

图 3.38 更新文件选择

在安装包中找到更新文件，下运行时路径选择指定为软件安装路径，如图 3-39 所示。

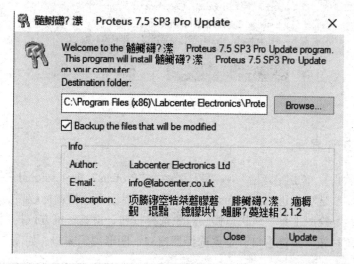

图 3-39 更新路径选择

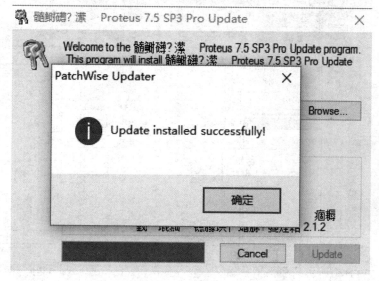

图 3-40 更新完成

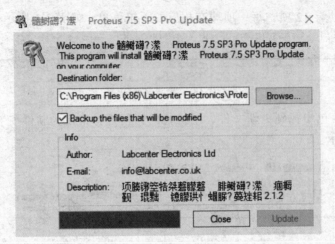

图 3-41 关闭窗口

二、工作界面

启动软件，单击"开始"→"程序"→"Proteus7 Professional"→"ISIS7 Professional"选项，进入 Proteus 的原理图编辑界面，包括：标题栏、主菜单、标准工具栏、绘图工具栏、状态栏、对象选择按钮、预览对象方位控制按钮、仿真进程控制按钮、预览窗口、对象选择器窗口、图形编辑窗口，如图 3-41 所示。

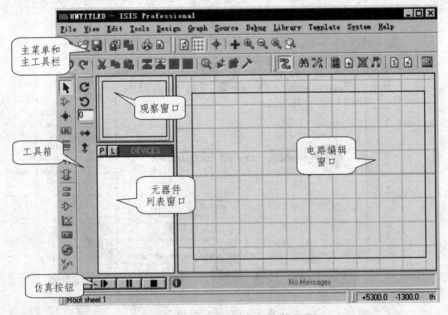

图 3-41 Proteus 原理图编辑界面

菜单栏共有 12 项，每一项均有相应的下拉菜单，如表 3-1 所示。

表 3-1 菜单栏说明

名 称	说 明	名 称	说 明
File	文件菜单	Source	源文件菜单
View	显示菜单	Debug	调试菜单
Edit	编辑菜单	Library	库操作菜单
Tools	工具菜单	Template	模板菜单
Design	工程设计菜单	System	系统设置菜单
Graph	图形菜单	Help	帮助菜单

工具栏的主要作用如表 3-2 所示。

表 3-2 工具栏说明

图 标	说 明	图 标	说 明
	新建		打开文件
	设置区域		栅格设计
	显示全部		缩放区域
	旋转		删除
	封装工具		分解元器件
	属性分配工具		设置资源管理器
	转到主原理图		查看元器件清单
	保存		导入/导出部分文件
	原点		选择中心
	复制		移动
	拾取元器件或符号		制作元件
	自动布线		查找标记
	新建图纸		移除图纸
	生成电气规则检查报告		创建网络表

三、基本操作

（一）电路编辑窗口

在电路编辑窗口内完成电路原理图的编辑和绘制。为了方便绘制坐标系统（CO-ORDINATE SYSTEM），ISIS 中坐标系统的基本单位是 10 nm，主要是为了和 Proteus ARES 保持一致。但坐标系统的识别（read-out）单位被限制在 1 th，坐标原点默认在图形编辑区的中间，图形的坐标值能够显示在屏幕的右下角的状态栏中。

（二）点状栅格（The Dot Grid）与捕捉到栅格（Snapping to a Grid）

编辑窗口内有点状的栅格，可以通过 View 菜单的 Grid 命令在打开和关闭间切换。点与点之间的间距由当前捕捉的设置决定，捕捉的尺度可以由 View 菜单的 Snap 命令设置，或者直接使用快捷键 F4、F3、F2 和 CTRL+F1，如图 3-42 所示。若键入 F3 或者通过 View 菜单选中 Snap 100th，你会注意到鼠标在电路编辑窗口内移动时，坐标值是以固定的步长 100th 变化，这称为捕捉。如果你想要确切地看到捕捉位置，可以使用 View 菜单的 X-Cursor 命令，选中后将会在捕捉点显示一个小的或大的交叉十字。

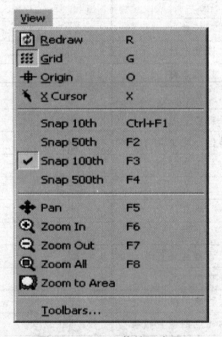

图 3-42　View 菜单示意图

（三）实时捕捉（Real Time Snap）

当鼠标指针指向管脚末端或者导线时，将会捕捉到这些物体，这种功能被称为实时捕捉。该功能可以方便地实现导线和管脚的连接。可以通过 Tools

菜单的 Real Time Snap 命令或者是 Ctrl+S 切换该功能。也可以通过 View 菜单的 Redraw 命令来刷新显示内容，同时预览窗口中的内容也将被刷新。当执行其他命令导致显示错乱时可以使用该特性恢复显示。

（四）视图的缩放与移动

可以通过以下几种方式实现视图的缩放与移动：

（1）用鼠标左键点击预览窗口中想要显示的位置，将使编辑窗口显示以鼠标点击处为中心的内容。

（2）在编辑窗口内移动鼠标，按下 Shift 键，用鼠标"撞击"边框，会使显示平移，我们把它称为 Shift-Pan。

（3）将鼠标指向编辑窗口并按缩放键或者操作鼠标的滚动键，会以鼠标指针位置为中心重新显示。

（五）预览窗口（the Overview Window）

该窗口通常显示整个电路图的缩略图。在预览窗口上点击鼠标左键，将会有一个矩形蓝绿框标示出在编辑窗口的中显示的区域。其他情况下，预览窗口显示将要放置的对象的预览。这种 Place Preview 特性在下列情况下被激活。

（1）当一个对象在选择器中被选中。

（2）当使用旋转或镜像按钮时。

（3）当为一个可以设定朝向的对象选择类型图标时（如 Component icon，Device Pin icon 等）。

（4）当放置对象或者执行其他非以上操作时，place preview 会自动消除。

（六）对象选择器（Object Selector）由图标决定的当前状态显示不同的内容

显示对象的类型包括：设备，终端，管脚，图形符号，标注和图形。在某些状态下，对象选择器有一个 Pick 切换按钮，点击该按钮可以弹出库元件选取窗口。通过该窗口可以选择元件并置入对象选择器，在今后绘图时使用。

（七）图形编辑的基本操作

1. 对象放置（Object Placement）

放置对象的步骤如下：

（1）根据对象的类别在工具箱选择相应模式的图标（mode icon）。

（2）根据对象的具体类型选择子模式图标（sub-mode icon）。

（3）如果对象类型是元件、端点、管脚、图形、符号或标记，可从选择器里（selector）选择你想要的对象的名字。对于元件、端点、管脚和符号，可能首先需要从库中调出。

（4）如果对象是有方向的，将会在预览窗口显示出来，你可以通过预览对象方位按钮对对象进行调整。

（5）指向编辑窗口并点击鼠标左键放置对象。

2. 选中对象（Tagging an Object）

用鼠标指向对象并点击右键选中该对象。该操作选中对象并使其高亮显示，然后可以进行编辑。

选中对象时该对象上的所有连线同时被选中。

要选中一组对象，可以通过依次对每个对象右击来选中每个对象的方式。也可以通过右键拖出一个选择框的方式。但只有完全位于选择框内的对象才可以被选中。在空白处点击鼠标右键可以取消所有对象的选择。

3. 删除对象（Deleting an Object）

用鼠标指向选中的对象并点击右键可删除该对象，同时删除该对象的所有连线。

4. 拖动对象（Dragging an Object）

用鼠标指向选中的对象并用左键拖曳可以拖动该对象。该方式不仅对整个对象有效，而且对对象中单独的 labels 也有效。

如果 Wire Auto Router 功能被使用的话，被拖动对象上所有的连线将会重新排布或者'fixed up'。这将花费一定的时间（10 秒左右），尤其在对象有很多连线的情况下，这时鼠标指针将显示为一个沙漏。

如果误拖动一个对象，可以使用 Undo 命令撤消操作恢复原来的状态。

5. 拖动对象标签（Dragging an Object Label）

许多类型的对象有一个或多个属性标签附着。例如，每个元件有一个"reference"标签和一个"value"标签，可以很容易地移动这些标签使你的电路图看起来更美观。

移动标签的步骤：

（1）选中对象。

（2）用鼠标指向标签，按下鼠标左键。

（3）拖动标签到需要的位置。如果想要定位的更精确，可以在拖动时改变捕捉的精度（使用 F4、F3、F2、CTRL+F1 键）。

（4）释放鼠标。

6. 调整对象大小（Resizing an Object）

子电路（Sub-circuits）、图表、线、框和圆可以调整大小。当选中这些对象时，对象周围会出现黑色小方块，叫作"手柄"，可以通过拖动这些"手柄"来调整对象的大小。

调整对象大小的步骤：

（1）选中对象。

（2）如果对象可以调整大小，对象周围会出现黑色小方块，叫作"手柄"。

（3）用鼠标左键拖动这些"手柄"到新的位置，可以改变对象的大小。在拖动的过程中手柄会消失，以便不与对象的显示混叠。

7. 调整对象的朝向（Reorienting an Object）

许多类型的对象可以调整朝向为 0°、90°、270°、360°，或通过 x 轴、y 轴镜象。当该类型对象被选中后，"Rotation and Mirror"图标会从蓝色变为红色，然后就可以改变对象的朝向。

调整对象朝向的步骤：

（1）选中对象。

（2）用鼠标左键点击 Rotation 图标可以使对象逆时针旋转，用鼠标右键点击 Rotation 图标可以使对象顺时针旋转。

（3）用鼠标左键点击 Mirror 图标可以使对象按 x 轴镜象，用鼠标右键点击 Mirror 图标可以使对象按 y 轴镜象。

当 Rotation and Mirror 图标是红色时，操作他们将会改变某个对象，即便你当前没有看到它。所以，当图标是红色时，首先取消对象的选择，此时图标会变成蓝色，说明现在可以"安全"调整新对象了。

8. 编辑对象（Editing an Object）

许多对象具有图形或文本属性，这些属性可以通过一个对话框进行编辑，这是一种很常见的操作，有多种实现方式。

（1）用鼠标编辑单个对象的步骤：

·选中对象。

·用鼠标左键点击对象。

（2）连续编辑多个对象的步骤：

·选择 Main Mode 图标，再选择 Instant Edit 图标。

·依次用鼠标左键点击各个对象。

（3）以特定的编辑模式编辑对象的步骤：

·指向对象。

·使用键盘 Ctrl+E。

对于文本脚本来说，将启动外部的文本编辑器。如果鼠标没有指向任何对象的话，该命令将对当前的图进行编辑。

9. 通过元件的名称编辑元件

通过元件的名称编辑元件的步骤：

（1）键入'E'。

（2）在弹出的对话框中输入元件的名称（part ID）。

确定后将会弹出该项目中任何元件的编辑对话框，并非只限于当前 sheet 的元件。编辑完后，画面将会以该元件为中心重新显示，你可以通过该方式来定位一个元件，即便你并不想对其进行编辑。

10. 编辑单个对象标签的步骤

编辑单个对象标签的步骤：

（1）选中对象标签。

（2）用鼠标左键点击对象。

11. 连续编辑多个对象标签的步骤

连续编辑多个对象标签的步骤：

（1）选择 Main Mode 图标，再选择 Instant Edit 图标。

（2）依次用鼠标左键点击各个标签。

12. 拷贝所有选中的对象（Copying all Tagged Objects）

拷贝一整块电路的方式如下：

（1）选中需要的对象。

（2）用鼠标左键点击 Copy 图标。

（3）把拷贝的轮廓拖到需要的位置，点击鼠标左键放置拷贝。

（4）重复步骤（3）放置多个拷贝。

（5）点击鼠标右键结束。

当一组元件被拷贝后，他们的标注自动重置为随机态，用来为下一步的自动标注做准备，防止出现重复的元件标注。

13. 移动所有选中的对象（Moving all Tagged Objects）

移动一组对象的步骤如下：

（1）选中需要的对象，具体的方式参照上文的 Tagging an Object 部分。

（2）把轮廓拖到需要的位置，点击鼠标左键放置。

14. 删除所有选中的对象（Deleting all Tagged Objects）

删除一组对象的步骤如下：

（1）选中需要的对象。

（2）用鼠标左键点击 Delete 图标。

如果错误删除了对象，可以使用 Undo 命令来恢复原状。

15. 画线（Wiring Up）

ISIS 没有画线的图标按钮，这是因为软件在你想要画线的时候进行自动检测，这就省去了选择画线模式的麻烦。

16. 在两个对象间连线（To connect a wire between two objects）

（1）左击第一个对象连接点。

（2）如果你想让 ISIS 自动定出走线路径，只需左击另一个连接点；如果你想自己决定走线路径，只需在想要拐点处点击鼠标左键。其中，一个连接点可以精确地连到一根线。在元件和终端的管脚末端都有连接点。一个圆点从中心出发有四个连接点，可以连四根线。由于一般都希望能连接到现有的线上，ISIS 也将线视作连续的连接点。此外，一个连接点意味着 3 根线汇于一点，ISIS 提供了一个圆点，避免由于错漏点而引起的混乱。在此过程的任何一个阶段，你都可以按 Esc 键来放弃画线。

17. 线路自动路径器（Wire Auto-Router）

线路自动路径器（WAR）省去了必须标明每根线具体路径的麻烦。该功能默认是打开的，但可通过两种途径方式略过该功能。

如果只是在两个连接点左击，WAR 将选择一个合适的线径。但如果点了一个连接点，然后点一个或几个非连接点的位置，ISIS 将认为是手工定线的路径，将会点击线的路径的每个角。路径是通过左击另一个连接点来完成的。WAR 可通过使用工具菜单里的 WAR 命令来关闭。这功能在你想在两个连接点间直接定出对角线时是很有用的。

18. 重复布线（Wire Repeat）

假设你要连接一个 8 字节 ROM 数据总线到电路图主要数据总线，且已将ROM 总线和总线插入点如图 3-43 所示放置。

首先，左击 A，然后左击 B，在 AB 间画一条水平线。双击 C，重复布线功能会被激活，自动在 CD 间布线。双击 E、F，以下类同。

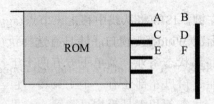

图 3-43　重布线示意图

重复布线完全复制了上一根线的路径。如果上一根线已经是自动重复布线，将仍旧自动复制该路径。如果上一根线为手工布线，那么将精确复制用于新的线。

19. 拖线（Dragging Wires）

尽管线一般使用连接和拖的方法，但也有一些特殊方法可以使用。如果你拖动线的一个角，那该角就随着鼠标指针移动。如果鼠标指向一个线段的中间或两端，就会出现一个角，然后才可以拖动。注意：为了使后者能够工作，线所连的对象不能有标示，否则 ISIS 会认为你想拖动该对象。也可使用块移动命令来移动线段或线段组。

20. 移动线段或线段组（To move a wire segment or a group of segments）

（1）在你想移动的线段周围拖出一个选择框。若该"框"为一个线段旁的一条线也是可以的。

（2）左击"移动"图标（在工具箱里）。

（3）如图标 3-44 所示的相反方向垂直于线段移动"选择框"（Tag-Box）。

（4）左击结束。

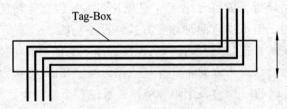

图 3-44　线段组移动图示

如果操作错误，可使 Undo 命令返回。

21. 从线中移走节点（To remove a kink from a wire）

（1）选中（Tag）要处理的线。

（2）用鼠标指向节点一角，按下左键。

（3）拖动该角和自身重合（如下图）。

（4）松开鼠标左键。ISIS 将从线中移走该节点。

主窗口是一个标准 Windows 窗口，除具有选择执行各种命令的顶部菜单和显示当前状态的底部状态条外，菜单下方有两个工具条，包含与菜单命令一一对应的快捷按钮，窗口左部还有一个工具箱，包含添加所有电路元件的快捷按钮。工具条、状态条和工具箱均可隐藏。这里的两个图分别是中文和英文主窗口。

21. 编辑区域的缩放

Proteus 的缩放操作多种多样，极大地方便了我们的设计。常见的几种方式有：完全显示（或者按"F8"）、放大按钮（或者按"F6"）和缩小按钮（或者按"F7"），拖放、取景、找中心（或者按"F5"）。

22. 点状栅格和刷新

编辑区域的点状栅格，是为了方便元器件定位用的。鼠标指针在编辑区域移动时，移动的步长就是栅格的尺度，称为"Snap（捕捉）"。这个功能可使元件依据栅格对齐。

23. 显示和隐藏点状栅格

点状栅格的显示和隐藏可以通过工具栏的按钮或者按快捷键的"G"来实现。鼠标移动的过程中，在编辑区的下面将出现栅格的坐标值，即坐标指示器，它显示横向的坐标值。因为坐标的原点在编辑区的中间，有的地方的坐标值比较大，不利于我们进行比较。此时可通过点击菜单命令"View"下的"Origin"命令，也可以点击工具栏的按钮或者按快捷键"O"来自己定位新的坐标原点。

24. 刷新

编辑窗口显示正在编辑的电路原理图，可以通过执行菜单命令"View"下的"Redraw"命令来刷新显示内容，也可以点击工具栏的刷新命令按钮回或者快捷键"R"，与此同时预览窗口中的内容也将被刷新。它的用途是当执行一些命令导致显示错乱时，可以使用该命令恢复正常显示。

四、图例解说

（一）对象的添加和放置

点击工具箱的元器件按钮，使其选中，再点击 ISIS 对象选择器左边中间的置 P 按钮，出现"Pick Devices"对话框，如图 3-45 所示。

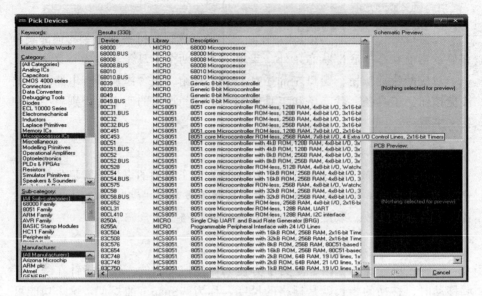

图 3-45   添加对象示意图

在这个对话框里我们可以选择元器件和一些虚拟仪器。下面以添加单片机 PIC16F877 为例来说明，展示怎么把元器件添加到编辑窗口。

在"Gategory（器件种类）"下面，我们找到"MicoprocessorIC"选项，鼠标左键点击一下，在对话框的右侧，我们会发现这里有大量常见的各种型号的单片机。找到单片机 PIC16F877，双击"PIC16F877"，如图 3-46 所示。这样在左边的对象选择器就有了 PIC16F877 这个元件了。点击一下这个元件，然后把鼠标指针移到右边的原理图编辑区的适当位置，再点击鼠标的左键，就把 PIC16F877 放到了原理图区。

（二）放置电源及接地符号

实际操作过程中，我们会发现许多器件没有 Vcc 和 GND 引脚，其实它们被隐藏了，因为在一般使用的时候可以不用加电源。如果需要加电源可以点击工具箱的接线端按钮，这时对象选择器将出现一些接线端，如图 1-8 所示。在器件选择器里点击 GROUND，鼠标移到原理图编辑区，左键点击一下即可放置接地符号；同理也可以把电源符号 POWER 放到原理图编辑区，如图 3-47 所示。

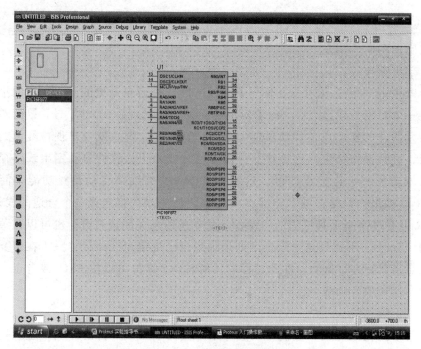

图 3-46　对象放置示意图

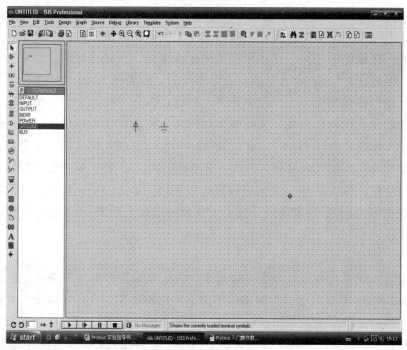

图 3-47　电源与地符号放置示意图

（三）原理图仿真调试

原理图的绘制

（1）画导线。

Proteus 的智能化可以在你想要画线的时候进行自动检测。当鼠标的指针靠近一个对象的连接点时，跟着鼠标的指针就会出现一个"×"号，鼠标左键点击元器件的连接点，移动鼠标（不用一直按着左键）就会出现粉红色的连接线，直到操作结束，连接线变成深绿色。如果想让软件自动定出线路径，只需左击另一个连接点即可。这就是 Proteus 的线路自动路径功能（简称WAR），如果你只是在两个连接点用鼠标左击，WAR 将选择一个合适的线径。WAR 可通过使用工具栏里的"WAR"命令按钮来关闭或打开，也可以在菜单栏的"Tools"下找到这个图标。如果你想自己决定走线路径，只需在想要拐点处点击鼠标左键即可。在此过程的任何时刻，你都可以按 ESC 或者点击鼠标的右键来放弃画线。

（2）画总线。

为了简化原理图，我们可以用一条导线代表数条并行的导线，这就是所谓的总线。点击工具箱的总线按钮，即可在编辑窗口画总线。

（3）画总线分支线。

点击绘图工具箱中的按钮，画总线分支线，它是用来连接总线和元器件管脚的。在软件中，为了将其和一般的导线区分，一般习惯画斜线来表示分支线，但是这时如果 WAR 功能打开是不行的，需要把 WAR 功能关闭。画好分支线我们还需要给分支线起个名字。右键点击分支线选中它，接着左键点击选中的分支线就会出现分支线编辑对话框，放置方法是用鼠标单击连线工具条中图标或者执行 Place / Net Label 菜单命令，这时光标变成十字形并且将有一虚线框在工作区内移动，再按一下键盘上的 Tab 键，系统弹出网络标号属性对话框，在 Net 项定义网络标号比如 PB0，单击[OK]，将设置好的网络标号放在第（1）步放置的短导线上（注意一定是上面），单击鼠标左键即可将之定位。

（4）放置总线。

放置总线是将各总线分支连接起来，方法是单击放置工具条中图标或执行 Place / Bus 菜单命令，这时工作平面上将出现十字形光标，将十字光标移至要连接的总线分支处单击鼠标左键，系统弹出十字形光标时按住鼠标，画出一条较粗的线，然后将十字光标移至另一个总线分支处，单击鼠标的左键，一条总线就画好了。

（5）跳线。

跳线在电路板设计中经常使用，它是在电路板中用一根将两焊盘连接的导线，也有人把它称为跨接线。多使用于单面板、双面板设计中，特别是单面板设计中使用得更多。在单面板的设计中，当有些铜膜线无法连接，即使Prote199SE 给连通了，进行电气检查也是错的，系统会显示错误标志。通常解决的办法是使用跳线，跳线的长度应该选择如下几种：6 mm、8 mm 和10 mm。放置跳线的方法是在布线层（底层布线）用人工布线的方式放置，当遇到相交线的时候就用过孔走到背面（顶层）进行布线，跳过相交线然后回到原来层面（底层）布线。值得说明的是为了便于识别，最好在顶层的印丝层（Top Overlay）做上标志，在图 3-48 中有两根跳线。在 PCB 板安装元件的时候，跳线就用短的导线或者就用剪下元件引脚上多余的部分安装。我们在Label 标签下的 String 右边填上所起的分支线的名称。

（6）放置线路节点。

如果在交叉点有电路节点，则认为两条导线在电气上是相连的，否则就认为它们在电气上是不相连的。笔者发现 ISIS 在画导线时能够智能地判断是否要放置节点。但在两条导线交叉时是不放置节点的，这时要想两个导线电气相连，只有手工放置节点了。点击工具箱的节点放置按钮+，当把鼠标指针移到编辑窗口，指向一条导线的时候，会出现一个"×"号，点击左键就能放置一个节点。

（7）模拟调试

一般电路的模拟调试。

用一个简单的电路来演示如何进行模拟调试。电路如图 3-48 所示。

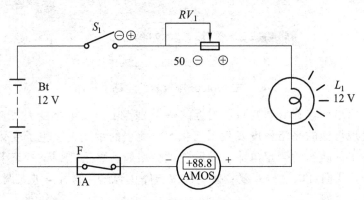

图 3-48　简单演示电路

设计这个电路的时候需要在"Category（器件种类）"里找到"BATTERY（电池）"、"FUSE（保险丝）"、"LAMP（灯泡）"、"POT-LIN（滑动变阻器）"、"SWITCH（开关）"这几个元器件并添加到对象选择器里。另外我们还需要一个虚拟仪器——电流表。点击虚拟仪表按钮，在对象选择器找到"DC-AMMETER（电流表）"，添加到原理图编辑区按照图 3-48 布置元器件，并连接好。我们在进行模拟之前还需要设置各个对象的属性。选中电源 B1，再点击左键，出现了属性对话框。在"Component Reference"后面填上电源的名称；在"Voltage"后面填上电源的电动势的值，这里我们设置为 12 V。在"Internal Resistance"后面填上内电阻的值 0.1Ω。其他元器件的属性设置如下：滑动变阻器的阻值为 50 Ω；灯泡的电阻是 10 Ω，额定电压是 12 V；保险丝的额定电流是 1 A，内电阻是 0.1 Ω。点击菜单栏"Debug（调试）"下的按钮或者点击模拟调试按钮的运行按钮，也可以按下快捷键"Ctrl+F12"进入模拟调试状态。把鼠标指针移到开关的●上，这时出现了一个"+"号，点击一下，就合上了开关。如果想打开开关，鼠标指针移到●上，将出现一个"－"号，点击一下就会打开开关。开关合上后我们就发现灯泡已经点亮了，电流表也有了示数。如图 3-49 所示。

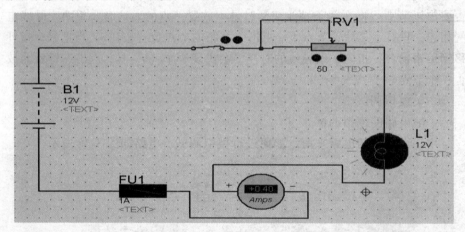

图 3-49　在 Proteus 中编辑的电路原理图

把鼠标指针移到滑动变阻器附近的●●分别点击，使电阻变大或者变小，我们会发现灯泡的亮暗程度发生了变化，电流表的示数也发生了变化。如果电流超过了保险丝的额定电流，保险丝就会熔断。可惜在调试状态下没有修复的命令。我们可以这样修复：按复位按钮停止调试，然后再进入调试状态，保险丝就修复好了。

第三节　Keil 与 Proteus 联调设置

Keil 与 Proteus 仿真调试需要安装补丁程序"vdmagdi"，在安装文件中找到，如图 3-50 所示。

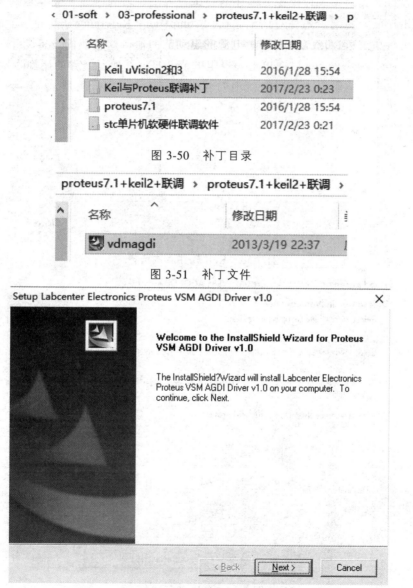

‹ 01-soft › 03-professional › proteus7.1+keil2+联调 › p	
名称	修改日期
Keil uVision2和3	2016/1/28 15:54
Keil与Proteus联调补丁	2017/2/23 0:23
proteus7.1	2016/1/28 15:54
stc单片机软硬件联调软件	2017/2/23 0:21

图 3-50　补丁目录

proteus7.1+keil2+联调 › proteus7.1+keil2+联调 ›	
名称	修改日期
vdmagdi	2013/3/19 22:37

图 3-51　补丁文件

Setup Labcenter Electronics Proteus VSM AGDI Driver v1.0

Welcome to the InstallShield Wizard for Proteus VSM AGDI Driver v1.0

The InstallShield?Wizard will install Labcenter Electronics Proteus VSM AGDI Driver v1.0 on your computer. To continue, click Next.

‹ Back　Next ›　Cancel

图 3-52　补丁安装

补丁安装过程中检测到有两个 Keil 软件版本，如果根据情况选择，其中 uVison3 支持 ARM，如图 3-53 所示。

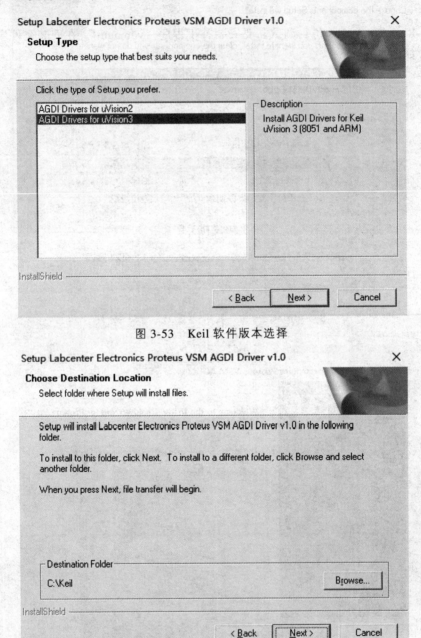

图 3-53　Keil 软件版本选择

图 3-54　安装路径选择

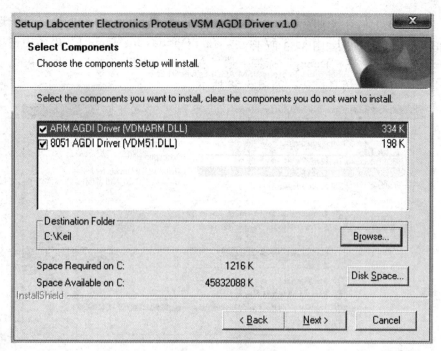

图 3-55　器件库安装

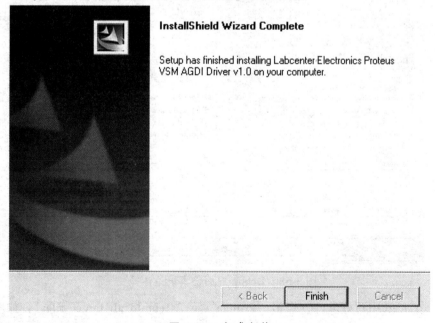

图 3-56　完成安装

联调软件安装完成后，进入 Keil 软件在菜单"Project"下拉菜单中选"Options for Target1"如图 3-57 所示。在"Options for Target1"界面中选择"Debug"按钮，在"Debug"标签下选择右边的"Uer"下拉框中选"Proteus VSM Simulator"仿真设备，如图 3-58 所示。

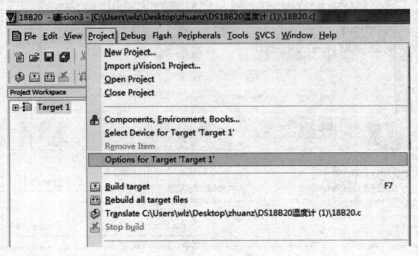

图 3-57　工程任务属性窗口选择

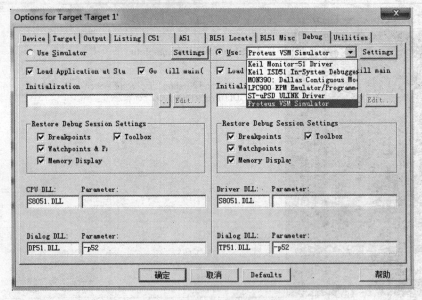

图 3-58　Debug 界面仿真设备选择

在 Keil 中写好软件，点击"Project"下"Rebuild all target files"，如图 3-59 所示，编译生成.hex 文件。在 Proteus 侧做好硬件连线，点击 CPU 加载.hex

文件，如图 3-60 所示，就可以联调仿真。

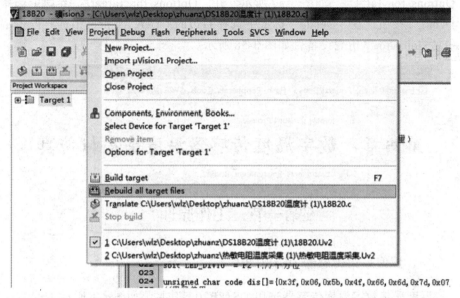

图 3-59　编译生成.hex 文件

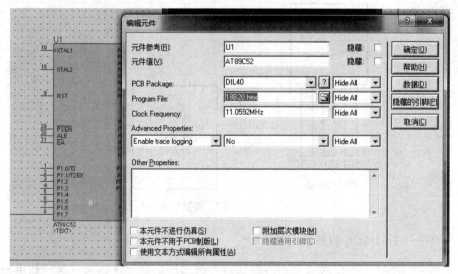

图 3-60　单片机加载.hex 文件

应用篇

第四章　数字温度传感器温度采集与仿真

第一节　工作原理

一、温度采集传感器 DS18B20

温度采集数字温度传感器选用 DS18B20，其封装如图 4-1 所示。

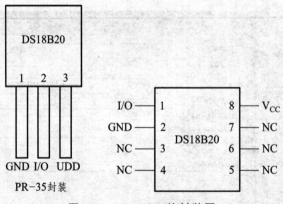

图 4-1　DS18B20 的封装图

（一）DS18B20 的特点

（1）DS18B20 在使用中不需要任何外围元件，全部传感元件及转换电路集成在形如一只三极管的集成电路内。

（2）温度测定范围为-55 ~ +125 ℃，在-10 ~ +85 ℃ 时精度为±0.5 ℃。

（3）支持多点组网功能，多个 DS18B20 可以并联在唯一的三线上，最多只能并联 8 个，实现多点测温，如果数量过多，会使供电电源电压过低，从而造成信号传输的不稳定。

（4）工作电源：3 ~ 5 V/DC。

（5）可编程的分辨率为 9 ~ 12 位，对应的可分辨温度分别为 0.5 ℃、0.25 ℃、0.125 ℃ 和 0.062 5 ℃，可实现高精度测温，测量结果以 9 ~ 12 位数字量方式串行传送。

（6）在 9 位分辨率时最多在 93.75 ms 内把温度转换为数字量，12 位分辨率时最多在 750 ms 内把温度值转换为数字量，速度更快。

（7）测量结果直接输出数字温度信号，以"一线总线"串行传送给 CPU，同时可传送 CRC 校验码，具有极强的抗干扰纠错能力。

（8）负压特性：电源极性接反时，芯片不会因发热而烧毁，但不能正常工作。

（二）DS18B20 的规格参数及工作原理

（1）产品型号与规格。

型　号	测温范围	安装螺纹	电缆长度	适用管道
TS-18B20	−55 ~ 125	无	1.5 m	
TS-18B20A	−55 ~ 125	M10X1	1.5 m	DN15 ~ 25
TS-18B20B	−55 ~ 125	1/2G	接线盒	DN40 ~ 60

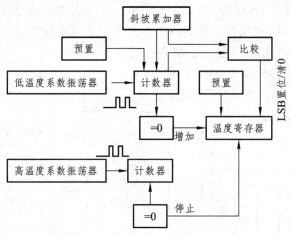

图 4-2　DS18B20 测温原理图

DS18B20 测温原理如图 4-2 所示。图中低温度系数晶振的振荡频率受温度影响很小，用于产生固定频率的脉冲信号送给计数器 1。高温度系数晶振随温度变化其振荡率明显改变，所产生的信号作为计数器 2 的脉冲输入。计数器 1 和温度寄存器被预置在 -55 ℃ 所对应的一个基数值。计数器 1 对低温度系数晶振产生的脉冲信号进行减法计数，当计数器 1 的预置值减到 0 时，温度寄存器的值将加 1，计数器 1 的预置将重新被装入，计数器 1 重新开始对低温度系数晶振产生的脉冲信号进行计数，如此循环直到计数器 2 计数到 0 时，停止温度寄存器值的累加，此时温度寄存器中的数值即为所测温度。图 2 中的斜率累加器用于补偿和修正测温过程中的非线性，其输出用于修正计数器 1 的预置值。

（2）接线说明。

特点：独特的一线接口，只需要一条口线通信多点能力，简化了分布式温度传感器应用，无需外部元件可用数据总线供电，电压范围为 3.0 ~ 5.5 V 无需备用电源测量温度范围为 -55 ~ +125 ℃，-10 ~ +85 ℃ 范围内精度为 ±0.5 ℃。

温度传感器可编程的分辨率为 9 ~ 12 位温度转换为 12 位数字格式最大值为 750 毫秒。用户可定义的非易失性温度报警设置应用范围包括恒温控制、工业系统、消费电子产品温度计和任何热敏感系统。

DS18B20 提供 9 至 12 位温度输出。信息发送从 DS18B20 通过 1 线接口，所以中央微处理器与 DS18B20 只有一条口线连接。数据读写以及温度转换可以从数据线本身获得能量，不需要外接电源。因为每一个 DS18B20 包含一个独特的序号，多个 DS18B20 可以同时存在于一条总线，这使得温度传感器可以放置在许多不同的地方。它的用途很多，包括空调环境控制，感测建筑物内温设备或机器，并进行过程监测和控制。

（3）DS18B20 有 4 个主要的数据部件。

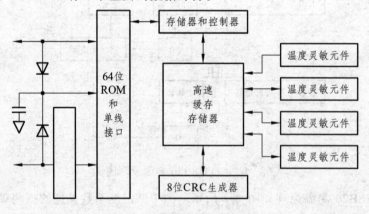

图 4-3　DS18B20 内部结构图

DS18B20 内部结构如图 4-3 所示，主要由 4 部分组成：64 位光刻 ROM，温度传感器，非挥发的温度报警触发器 TH 和 TL，配置寄存器。

　　① 光刻 ROM 中的 64 位序列号是出厂前被光刻好的，它可以看作是该 DS18B20 的地址序列码。64 位光刻 ROM 的排列是：开始 8 位（28H）是产品类型标号，接着的 48 位是该 DS18B20 自身的序列号，最后 8 位是前面 56 位的循环冗余检验码（CRC=X^8+X^5+X^4+1）。光刻 ROM 的作用是使每一个 DS18B20 都各不相同，这样就可以实现一根总线上挂接多个 DS18B20 的目的。64 位的光刻 ROM 又包括 5 个 ROM 的功能命令：读 ROM，匹配 ROM，跳跃 ROM，查找 ROM 和报警查找。

　　根据 DS18B20 的通讯协议，主机控制 DS18B20 完成温度转换必须经过三个步骤：每一次读写之前都要对 DS18B20 进行复位操作，复位成功后发送一条 ROM 指令，最后发送 RAM 指令，这样才能对 DS18B20 进行预定的操作。

表 4-1　ROM 指令表

指　令	约定代码	功　能
读 ROM	33H	读 DS18B20 温度传感器 ROM 中的编码（即 64 位地址）
符合 ROM	55H	发出此命令之后，接着发出 64 位 ROM 编码，访问单总线上与该编码相对应的 DS18B20 使之作出响应，为下一步对该 DS18B20 的读写作准备
搜索 ROM	0F0H	用于确定挂接在同一总线上 DS18B20 的个数和识别 64 位 ROM 地址。为操作各器件作好准备
跳过 ROM	0CCH	忽略 64 位 ROM 地址，直接向 DS18B20 发温度变换命令，适用于单片工作
告警搜索命令	0ECH	执行后只有温度超过设定值上限或下限的片子才做出响应

表 4-2　RAM 指令表

指　令	约定代码	功　能
温度转换	44H	启动 DS18b20 进行温度转换，12 位转换时间最长为 750 ms（9 位为 93.75 ms），结果存入内部 9 字节 RAM 中
读暂存器	0BEH	读内部 RAM 中 9 字节的内容
写暂存器	4EH	发出向内部 RAM 的 3、4 字节写上、下限温度数据命令，紧跟该命令之后，是传送三字节的数据，三字节的数据分别被存到暂存器的第 3、4、5 字节
复制暂存器	48H	将 RAM 中第 3、4、5 字节的内容复制到 E^{2}PROM 中
重调 E^{2}PR0M	0B8H	将 E^{2}PROM 中内容恢复到 RAM 中的第 3、4、5 字节
读供电方式	0B4H	读 DS18B20 的供电模式。寄生供电时 DS18B20 发送 "0"，外接电源供电 DS18B20 发送 "1"

② DS18B20 中的温度传感器可完成对温度的测量，以 12 位转化为例：用 16 位符号扩展的二进制补码读数形式提供，以 0.0625 ℃/LSB 形式表达，其中 S 为符号位。其数据如表 4-3、4-4 所示。

表 4-3 DS18B20 温度值格式表

	BIT 7	BIT 6	BIT 5	BIT 4	BIT 3	BIT 2	BIT 1	BIT 0
LS BYTE	2^3	2^2	2^1	2^0	2^{-1}	2^{-2}	2^{-3}	2^{-4}

	BIT 15	BIT 14	BIT 13	BIT 12	BIT 11	BIT 10	BIT 9	BIT 8
MS BYTE	S	S	S	S	S	2^6	2^5	2^4

这是 12 位转化后得到的 12 位数据，存储在 DS18B20 的两个 8 bit 的 RAM 中，二进制中的前面 5 位是符号位，如果测得的温度大于 0，这 5 位为 0，只要将测到的数值乘于 0.0625 即可得到实际温度；如果温度小于 0，这 5 位为 1，测到的数值需要取反加 1 再乘于 0.0625 即可得到实际温度。例如+125 ℃ 的数字输出为 07D0H，+25.0625 ℃ 的数字输出为 0191H，-25.0625 ℃ 的数字输出为 FE6FH，-55 ℃ 的数字输出为 FC90H。

表 4-4 DS18B20 温度数据表

TEMPERATURE（℃）	DIGITAL OUTPUT（BINARY）	DIGITAL OUTPUT（HEX）
+125	0000 0111 1101 0000	07D0h
+85	0000 0101 0101 0000	0550h
+25.0625	0000 0001 1001 0001	0191h
+10.125	0000 0000 1010 0010	00A2h
+0.5	0000 0000 0000 1000	0008h
0	0000 0000 0000 0000	0000h
−0.5	1111 1111 1111 1000	FFF8h
−10.125	1111 1111 0101 1110	FF5Eh
−25.0625	1111 1110 0110 1111	FE6Fh
−55	1111 1100 1001 0000	FC90h

③ DS18B20 温度传感器的存储器。DS18B20 温度传感器的内部存储器包括一个高速暂存 RAM 和一个非易失性的可电擦除的 E^2 PRAM，后者存放高温度和低温度触发器 TH、TL 和结构寄存器。

存储器能完整的确定一线端口的通讯，数据开始用写寄存器的命令写进寄存器，接着也可以用读寄存器的命令来确认这些数据。当确认以后就可以用复制寄存器的命令来将这些数据转移到可电擦除 RAM 中。当修改过寄存器中的数据时，这个过程能确保数据的完整性。

高速暂存存储器由 9 个字节组成，其分配如表 4-5 所示。当温度转换命令发布后，经转换所得的温度值以二字节补码形式存放在高速暂存存储器的第 1 和第 2 个字节。CPU 可通过单线接口读到该数据，读取时低位在前，高位在后，数据格式如表 3 所示。对应的温度计算：当符号位 S=0 时，直接将二进制位转换为十进制；当 S=1 时，先将补码变为原码，再计算十进制值。第 3 和第 4 个字节是复制 TH 和 TL，同时第 3 和第 4 个字节的数据可以更新；第 5 个字节是复制配置寄存器，同时第 5 个字节的数据可以更新；6、7、8 三个字节是计算机自身使用。第 9 个字节是冗余检验字节。

表 4-5　DS18B20 暂存寄存器分布

寄存器内容	字节地址
温度值低位（LS Byte）	1
温度值高位（MS Byte）	2
高温限值（TH）	3
低温限值（TL）	4
配置寄存器	5
保留	6
保留	7
保留	8
CRC 校验值	9

④ 配置寄存器。该字节各位的意义如表 4-6 所示。

表 4-6　配置寄存器结构

BIT 7	BIT 6	BIT 5	BIT 4	BIT 3	BIT 2	BIT 1	BIT 0
TM	R1	R0	1	1	1	1	1

低五位一直都是"1"，TM 是测试模式位，用于设置 DS18B20 在工作模式还是在测试模式。在 DS18B20 出厂时该位被设置为 0，用户不要去改动。R1 和 R0 用来设置分辨率，如表 4-7 所示（DS18B20 出厂时被设置为 12 位）。

表 4-7　温度分辨率设置表

R1	R0	RESOLUTION（BITS）	MAX CONVERSION TIME	
0	0	9	93.75 ms	（$t_{CONV}/8$）
0	1	10	187.5 ms	（$t_{CONV}/4$）
1	0	11	375 ms	（$t_{CONV}/2$）
1	1	12	750 ms	（t_{CONV}）

（三）DS18B20 外部电源的连接方式

DS18B20 可以使用外部电源 VDD，也可以使用内部的寄生电源。当 VDD 端口接 3.0～5.5 V 的电压时是使用外部电源；当 VDD 端口接地时使用了内部的寄生电源。无论是内部寄生电源还是外部供电，I/O 口线都要接 4.7 kΩ 的上拉电阻。

DS18B20 的外部电源供电方式在外部电源供电方式下，DS18B20 工作电源由 VDD 引脚接入，此时 I/O 线不需要强上拉，不存在电源电流不足的问题，可以保证转换精度，同时在总线上理论可以挂接任意多个 DS18B20 传感器，组成多点测温系统。DS18B20 传感器外部电源连接如图 4-4 所示。注意：在外部供电的方式下，DS18B20 的 GND 引脚不能悬空，否则不能转换温度，读取的温度总是 85 ℃。

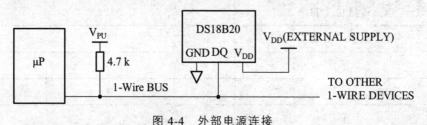

图 4-4　外部电源连接

（四）DS18B20 温度处理过程

（1）配置寄存器。

配置寄存器是配置不同的位数来确定温度和数字的转化。

（2）温度的读取。

DS18B20 在出厂时已配置为 12 位，读取温度时共读取 16 位，所以把后 11 位的 2 进制转化为 10 进制后再乘以 0.062 5 便为所测的温度，还需要判断正负。前 5 个数字为符号位，当前 5 位全为 1 时，读取的温度为负数；当前 5 位全为 0 时，读取的温度为正数。16 位数字摆放是从低位到高位。

（3）DS18B20 控制方法。

DS18B20 有六条控制命令（RAM），见表 4-2。

（4）DS18B20 的初始化。

① 总线主机发送一复位脉冲（最短为 480 μs 的低电平信号）。

② 总线主机释放总线，并进入接收方式。

③ 单线总线经过 5 K 的上拉电阻被拉至高电平状态。

④ DS18B20 在 I/O 引脚上检测到上升沿之后，等待 15 ~ 60 μs，接着发送存在脉冲（60 ~ 240 μs 的低电平信号）。

DS18B20 的初始化如图 4-5 所示。

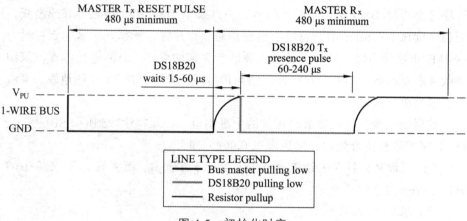

图 4-5   初始化时序

（5）向 DS18B20 发送控制命令。

先通过总线向 DS18B20 发送 ROM 指令，对 ROM 进行操作；之后，发送 ROM 指令，来启动传感器或进行其他 RAM 操作，以完成对温度数据的转换。

（五）DS1820 使用中注意事项

DS1820 虽然具有测温系统简单、测温精度高、连接方便、占用口线少等优点，但在实际应用中也应注意以下几方面的问题。

（1）较小的硬件开销需要相对复杂的软件进行补偿，由于 DS18B20 与微处理器间采用串行数据传送，因此，在对 DS18B20 进行读写编程时，必须严格的保证读写时序，否则将无法读取测温结果。在使用 PL/M、C 等高级语言进行系统程序设计时，对 DS18B20 操作部分最好采用汇编语言实现。

（2）在 DS18B20 的有关资料中均未提及单总线上所挂 DS18B20 数量问题，容易使人误认为可以挂任意多个 DS18B20，在实际应用中并非如此。当单总线上所挂 DS18B20 超过 8 个时，就需要解决微处理器的总线驱动问题，这一点在进行多点测温系统设计时要加以注意。

（3）连接 DS18B20 的总线电缆是有长度限制的。试验中，当采用普通信号电缆传输长度超过 50 m 时，读取的测温数据将发生错误。当将总线电缆改为双绞线带屏蔽电缆时，正常通讯距离可达 150 m，当采用每米绞合次数更多的双绞线带屏蔽电缆时，正常通讯距离进一步加长。这种情况主要是由总线分布电容使信号波形产生畸变造成的。因此，在用 DS18B20 进行长距离测温系统设计时要充分考虑总线分布电容和阻抗匹配问题。

（4）在 DS18B20 测温程序设计中，向 DS18B20 发出温度转换命令后，程序总要等待 DS18B20 的返回信号，一旦某个 DS18B20 接触不好或断线，当程序读该 DS18B20 时，将没有返回信号，程序进入死循环。这一点在进行 DS18B20 硬件连接和软件设计时也要给予一定的重视。测温电缆线建议采用屏蔽 4 芯双绞线，其中一对线接地线与信号线，另一组接 VCC 和地线，屏蔽层在源端单点接地。

数据的处理部分：要求出正数的十进制值，必须将读取到的 LSB 字节，MSB 字节进行整合处理，然后乘以 0.0625 即可。

Eg：假设从，字节 0 读取到 0xD0 赋值于 Temp1，而字节 1 读取到 0x07 赋值于 Temp2，

然后求出十进制值。

unsigned int Temp1，Temp2，Temperature；

Temp1=0xD0；//低八位

Temp2=0x07；//高八位

Temperature =（（Temp2<<8）| Temp1）* 0.0625；

//又或者

Temperature=（Temp1+Temp2 *256）*0.0625；//Temperature=125

在这里我们遇见了一个问题，就是如何求出负数的值呢？我们就必须判断 BIT11～15 是否是 1，然后人为设置负数标志。

Eg. 假设从，字节 0 读取到 0x90 赋值于 Temp1，而字节 1 读取到 0xFC 赋值于 Temp2，

然后求出该值是不是负数，和转换成十进制值。

unsigned int Temp1，Temp2，Temperature；

unsigned char Minus_Flag=0；

Temp1=0x90；//低八位

Temp2=0xFC；//高八位

//Temperature =（ Temp1 + Temp2 *256）* 0.0625；//Temperature=64656

//很明显不是我们想要的答案

if（Temp2&0xFC）//判断符号位是否为 1

{Minus_Flag=1；//负数标志置一

Temperature =（（ Temp2<<8）| Temp1）//高八位低八位进行整合

Temperature=（（ ~ Temperature）+1）；//求反，补一

Temperature*=0.0625；//求出十进制

} //Temperature=55；

else

{Minus_Flag=0；

Temperature=（（ Temp2<<8）| Temp1）* 0.0625；}

上述内容是求出没有小数点的正数。如果要求出小数点的值的话，步骤如下所示。

Eg：假设从，字节 0 读取到 0xA2 赋值于 Temp1，而字节 1 读取到 0x00 赋值于 Temp2，

然后求出十进制值，要求连同小数点也求出。

unsigned int Temp1，Temp2，Temperature；

Temp1=0XA2；//低八位

Temp2=0x00；//高八位

//实际值为 10.125

//Temperature =（（ Temp2<<8）| Temp1）* 0.0625；//10，无小数点

Temperature =（（ Temp2<<8）| Temp1）*（ 0.0625 * 10）；//101，一位小数点

//Temperature =（（ Temp2<<8） | Temp1）*（ 0.0625 * 100）；//1012，二位小数点

如以上的例题，我们可以先将 0.0625 乘以 10，然后再乘以整合后的 Temperature 变量，就可以求出后面一个小数点的值（求出更多的小数点，方法都是以此类推）。得出的结果是 101，然后再利用简单的算法，求出每一位的值。

unsinged char Ten，One，Dot1

Ten=Temperature/100；//1

One=Temperature%100/10；//0

Dot1=%10；//1

（六）DS18B20 的读写操作方法

总线控制器在写时间隙向 DS18B20 写数据，在读时间隙从 DS18B20 读数据；在每个时间隙有一位的数据通过单总线被传输。

（1）写时间隙的产生。

写时间隙的产生从总线控制器把单总线拉低开始。Write 0 和 write 1 时间隙间隔要大于 1 μs。

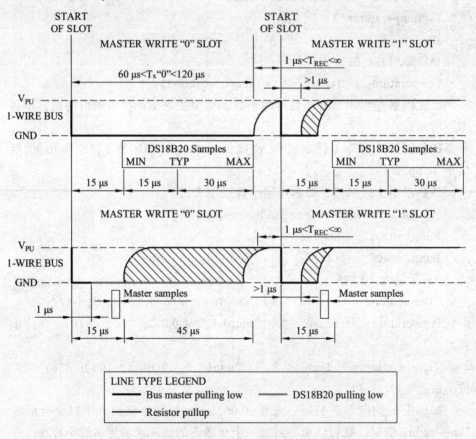

图 4-6　DS18B20 读/写时间隙

产生 write 1 时间隙：当总线控制器把单总线拉到低电平后，必须在 15 μs 内释放单总线，单总线被释放后 5K 的上拉电阻会把单总线拉到高电平。

产生 write 0 时间隙：当总线控制器把单总线拉到电平后，总线控制器在 write 0 时间隙内必须继续保持低电平，最少 60 μs。

在总线控制器发出写时间隙后 15-60 μs，DS18B20 会采样单总线上的数据。如果在采样窗口期单总线为高电平，则视为向 DS18B20 写入"1"；如果在采样窗口期单总线为低电平，则视为向 DS18B20 写入"0"。

（2）读时间隙的产生。

一个读时间隙的产生是通过控制器把单总线拉到低电平，并保持至少 1 μs，之后释放总线产生的。当控制器发出读时间隙后，DS18B20 将开始传输数据"1"或"0"到总线上。DS18B20 通过把总线置于高电平传输"1"，通过把总线置于低电平传输"0"。当传输"0"时，DS18B20 将在读时间隙结束时释放总线，总线将会被上拉电阻拉回高电平闲置状态。DS18B20 的输出数据在发出读时间隙后的 15 μs 内有效，因此，在读时间隙发出后，控制器必须释放总线并在 15 μs 内采样总线的电平状态。

DS18B20 读/写时间隙。

Write 0、write 1 和 read 0、read 1 方法（时序），如图 4-6 所示。

二、主控单元

数字温度传感器采集与仿真主控单元用单片机，详细介绍如下。

（一）单片机的概念

单片微型计算机简称单片机。它把组成微型计算机的中央处理器（CPU）、随机存取存储器（RAM）、只读存储器（ROM）、I/O 接口电路、定时/计数器及串行通信接口等功能部件制作在一块集成芯片中，构成一个完整的微型计算机。国际上通常称单片机为微控制器（MCU），又称为嵌入式微控制器（EMCU）。

（二）单片机的发展概况

单片机诞生至今，已发展成上百种系列的近千个品种。单片机的发展大致分为如下 5 个阶段。

（1）单片机的诞生。

从 1971 年美国 Intel 公司研制的 4 位微处理器 Intel 4004，到 1972 年该公司研制的功能较强的 8 位微处理器 Intel 8008，及 1974 年美国 Fairchild 公司研制的 8 位微处理器 F8，拉开了单片机研制的序幕。

（2）单片机的初级阶段。

以 1976 年 Intel 公司研制的 MCS-48 为代表,这个系列的单片机内集成有

8 位 CPU、并行 I/O 口、8 位定时/计数器、RAM、ROM 等，资源少、无软件，只能保证最基本的控制功能。这一阶段的单片机产品还有 Motorola 公司的 6801 系列和 Zilog 公司的 Z8 系列。

（3）单片机的完善阶段。

以 Intel 公司的 MCS-51 系列为代表，在这一阶段推出的单片机中普遍带有串行口、多级中断处理系统、16 位定时/计数器，同时加大了片内 RAM、ROM 的容量，其寻址范围可达 64 KB，有的片内还带有 A/D 转换器接口。由于这类单片机的应用领域极其广泛，各大公司竞相研制，共约有几十个系列、300 多个品种。其中，MCS-51 系列单片机因其优良的性能价格比处于主导地位。

（4）单片机向微控制器过渡阶段。

以 Intel 公司的 MCS-96 系列 16 位单片机为代表。与 8 位机相比，其数据宽度增加了一倍，实时处理能力更强，主频更高，RAM 增加到了 232 B，ROM 则达到了 8 KB，并且有 8 个中断源，同时配置了多路的 A/D 转换通道、高速的 I/O 处理单元，适用于更复杂的控制系统。但由于 16 位机价格太高，其应用受到一定的限制。而 MCS-51 因其高性价比，得到了广泛应用，致使知名芯片制造公司推出了许多与 MCS-51 兼容的 8 位单片机，一方面进一步巩固和发展了 8 位单片机的主流地位，另一方面强化了微控制器的特征。

（5）微控制器全面发展阶段。

随着单片机在各个领域的广泛应用，世界各大单片机研制公司相继推出了高速、大寻址范围、强运算能力的通用型或专用型的单片机，如 Intel 公司研制的 80960 超级 32 位单片机，Motorola 公司推出的 MC68HC 系列单片机，Microchip 公司推出的一种完全不兼容 MCS-51 的新一代 PIC 系列单片机，促使单片机进入一个可广泛选择和全面发展应用的时代。

（三）单片机的特点

单片机具有以下特点：

（1）体积小，成本低，应用广泛，易于产品化，能方便地组成各种智能化的控制设备和仪器，做到机电一体化。

（2）单片机的存储器 ROM 和 RAM 是严格区分的，即把开发成功的程序固化在 ROM 中，而把少量的随机数据存放在 RAM 中。这样，小容量的数据存储器能以高速 RAM 形式集成在单片机内，以增加单片机的执行速度。

（3）采用面向控制的指令系统。为满足控制的需要，单片机有更强的逻辑控制能力，特别是具有很强的位处理能力。

（4）单片机的 I/O 引脚通常是多功能的。由于单片机芯片上引脚数目有限，为了解决实际引脚数和需要的信号线的矛盾，采用了引脚功能复用的方法。引脚处于何种功能，可由指令来设置或由机器状态来区分。

（5）单片机的外部扩展能力强。在内部的各种功能部分不能满足应用需求时，均可在外部进行扩展（如扩展 ROM、RAM、I/O 接口，定时器/计数器，中断系统等），与许多通用的微机接口芯片兼容，给应用系统设计带来极大的方便和灵活性。

（6）抗干扰能力强，适用温度范围宽，在各种恶劣的环境下都能可靠地工作，这是其他类型计算机无法比拟的。

（7）可以方便地实现多机和分布式控制，使整个控制系统的效率和可靠性大为提高。

（四）单片机的应用

单片机的应用范围十分广泛，主要的应用领域如下：

（1）工业控制方面的应用：单片机可以构成各种工业控制系统、数据采集系统等。如数控机床、自动生产线控制、电机控制、温度控制、航空航天导航系统、电梯智能控制等。

（2）仪器仪表方面的应用：如智能仪器、医疗器械、数字示波器、各种物理量的测量仪器等。

（3）计算机外部设备与智能接口方面的应用：如图形终端机、传真机、复印机、打印机、绘图仪、磁盘/磁带机、程控交换机、通信终端等。

（4）商用产品方面的应用：如自动售货机、电子收款机、电子秤等。

（5）家用电器方面的应用：如微波炉、电视机、空调、洗衣机、录像机、音响设备等。

（五）MCS-51 单片机的封装及引脚功能

1. MCS-51 单片机的封装

单片机的种类繁多，封装形式各异。MCS-51 单片机的封装主要有 DIP、PLCC 及 LQFP 三种形式，如有 20 引脚封装的 AT89C2051，44 引脚贴片型封装的 STC89C52RC 如图 4-6 所示，40 引脚 DIP 封装的 AT89S51 如图 4-7 所示等。

2. MCS-51 单片机的引脚分布及功能

以如图 4-7 所示的 AT89S51 单片机为例，介绍其引脚分布及功能。
AT89S51 共 40 个引脚，如图 4-8 所示，大致分为如下四类。

图 4-6　STC89C52RC 的实物图

图 4-7　AT89S51 的实物图

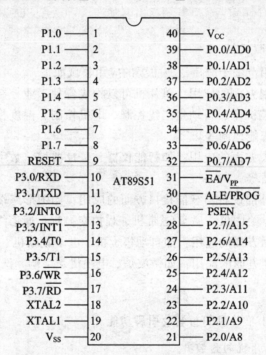

| P1.0 | 1 | | 40 | V_CC |

图 4-8　AT89S51 的引脚分布图

（1）电源引脚。

V_{CC}（40 脚）：电源端，接+5 V 电源。

V_{SS}（20 脚）：接地端（GND）。

（2）时钟电路引脚。

XTAL1（19 脚）：外接晶振输入端。

XTAL2（18 脚）：外接晶振输出端。

（3）控制线引脚。

RESET/V$_{PD}$（9脚）：复位端/备用电源输入端。在单片机正常工作状态下，当RESET端出现持续两个机器周期以上的高电平时，单片机实现复位操作。V$_{PD}$端可外接备用电源，以便在V$_{CC}$掉电或电压降到一定值时向单片机供电。

$\overline{EA}$/V$_{PP}$（31脚）：片外程序存储器选择输入端/ Flash存储器编程电源端。$\overline{EA}$端为访问外部程序存储器的地址允许输入端，当访问片外ROM时，$\overline{EA}$必须保持低电平。V$_{PP}$端是对AT89S51片内Flash存储器编程时作为编程允许电源 +12 V 的输入端。

ALE/$\overline{PROG}$（30脚）：地址锁存允许端/编程脉冲输入端。当访问外部程序存储器或数据存储器时，ALE端输出的脉冲用于锁存P0口（即P0.0～P0.7）分时送出的低8位地址（下降沿有效）。当不访问外部存储器时，该端以时钟频率的1/6输出固定的正脉冲信号，可用作外部定时脉冲源。对内部Flash存储器编程期间，该引脚用于输入编程脉冲。

$\overline{PSEN}$（29脚）：读片外程序存储器选通信号输出端。当AT89S51从外部程序存储器取指令时，$\overline{PSEN}$端产生负脉冲，作为外部ROM的选通信号。在访问外部RAM或片内ROM时，不产生有效的PSEN非信号。

（4）I/O引脚（P0～P3口）。

P0口（32～39脚）：引脚分布为P0.7/AD7～P0.0/AD0，是8位双向I/O口，也是地址/数据总线复用口。当P0口作输入/输出口用时，必须外接上拉电阻，它可驱动8个LSTTL门电路。当访问片外存储器时，P0口用作地址/数据分时复用口线。

P1口（1～8脚）：引脚分布为P1.0～P1.7，是8位准双向I/O口，内部带上拉电阻，可驱动4个LSTTL门电路。

P2口（21～28脚）：引脚分布为P2.0/A8～P2.7/A15，是8位准双向I/O口，内部带上拉电阻，可驱动4个LSTTL门电路。当访问片外存储器时，P2口用作高8位地址总线。

P3口（10～17脚）：引脚分布为P3.0～P3.7，是8位准双向I/O口，内部带上拉电阻，可驱动4个LSTTL门电路。P3口的每一个引脚可作为一般I/O口用，此外还具有第二功能，其第二功能如表4-8所示。

表4-8　P3口的第二功能

引　脚	第二功能	功能说明
P3.0	RXD	串行口数据接收端
P3.1	TXD	串行口数据发送端

引　脚	第二功能	功能说明
P3.2	$\overline{INT0}$	外部中断输入 0
P3.3	$\overline{INT1}$	外部中断输入 1
P3.4	T0	定时/计数器 0 外部计数输入端
P3.5	T1	定时/计数器 1 外部计数输入端
P3.6	$\overline{WR}$	外部数据存储器写信号
P3.7	$\overline{RD}$	外部数据存储器读信号

（六）MCS-51 单片机的内部结构

以 AT89S51 单片机为例介绍其内部结构，如图 4-8 所示。

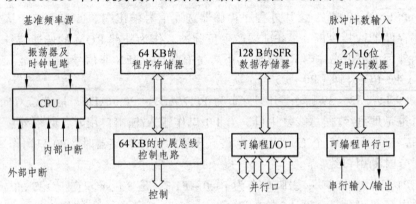

图 4-9　AT89S51 的内部结构图

AT89S51 单片机内部集成有 1 个 8 位中央处理器（CPU）、128 B 的数据存储器（RAM）、128 B 的特殊功能寄存器（SFR）、4 KB 的程序存储器（ROM）、1 个时钟电路、2 个 16 位定时/计数器、5 个中断源、4 个 8 位并行 I/O 口（P0 ~ P3）、1 个全双工串行口、64 KB 的扩展总线控制电路等，它们通过地址总线（AB）、数据总线（DB）和控制总线（CB）连接在一起。

1. 中央处理器（CPU）

AT89S51 单片机的中央处理器（CPU）由运算器和控制器组成。

运算器：由算术逻辑运算部件（ALU）、累加器（ACC）、寄存器（B）、程序状态寄存器（PSW）、十进制调整电路、布尔处理器等组成。其功能主要是进行算术运算、逻辑运算、数据传送和位处理等操作，并将运算结果的状态送至状态寄存器（PSW）。

控制器：控制单片机系统完成各种操作，包括时钟电路、复位电路、定时控制逻辑、程序计数器（PC）、数据指针（DPTR）、堆栈指针（SP）、指令寄存器（IR）、指令译码器（ID）和信息传送控制部件等部分，它可以根据不同指令产生的操作时序控制单片机各部分工作。其工作过程为，以主振频率为基准，由定时控制逻辑发出 CPU 时序，将 IR 中的指令取出送 ID 进行译码，再由信息传送控制部件发出一系列控制信号，控制单片机各部分运行，完成指令功能。

2. 存储器

单片机的存储器分两种：程序存储器和数据存储器。单片机存储器采用哈佛结构，它将程序存储器和数据存储器分开编址，各自有自己的寻址方式。

（1）程序存储器。

程序存储器用于存放已编写好的程序及数据表格，常用类型有 ROM、EPROM、E²PROM、Flash 等。AT89S51 中采用的就是 Flash，其存储容量为 4 KB。程序存储器的存储空间配置如图 4-10 所示。

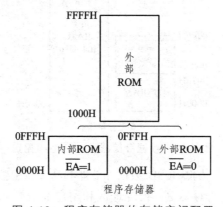

图 4-10 程序存储器的存储空间配置

AT89S51 单片机有 64 KB 的程序存储器。其中片内存储有 4 KB，地址范围为 0000H～0FFFH；片外最大可扩展空间为 60 KB，地址范围为 1000H～FFFFH。片内与片外程序存储器的最大寻址范围为 0000H～FFFFH。由于单片机的程序存储器采用片内、片外统一编址，则地址范围为 0000H～0FFFH 的程序存储器可在单片机内部或外部，通过单片机外围引脚 $\overline{EA}$ 的状态来区分。如果 $\overline{EA}$ 接高电平（即 $\overline{EA}$=1），则表示 0000H～0FFFH 在片内程序存储器中；如果 $\overline{EA}$ 接低电平（即 $\overline{EA}$=0），则表示 0000H～0FFFH 在片外程序存储器中。且程序从片内程序存储器开始执行，PC 值超出片内 ROM 容量时，会自动转向片外程序存储器中的程序。

需要指出的是，在 64 KB 的 ROM 中，0003H、000BH、0013H、001BH和 0023H 5 个单元地址在 AT89S51 单片机中是系统专用的，用户不能更改。

（2）数据存储器。

数据存储器用于存放输入/输出数据、中间运算结果，常用类型为 RAM。AT89S51 中的数据存储器较小，存储容量仅为 128 B。若存储器空间不够用，可以外部扩展。

数据存储器的存储空间配置如图 4-11 所示。数据存储器又分为片内 RAM和片外 RAM 两部分。片内 RAM 的容量为 256 B，地址范围为 0000H ~ 00FFH；片外 RAM 的容量为 64 KB，地址范围为 0000H ~ FFFFH。片内、片外 RAM是两个独立的地址空间，分别单独编址。使用片内和片外数据存储器时，采用不同的指令加以区别。在访问片内数据存储器时，可使用 MOV 指令；在访问片外数据存储器时，可使用 MOVX 指令。

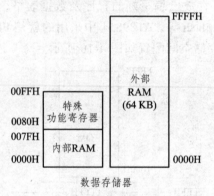

图 4-11　数据存储器的存储空间配置

片内数据存储器分为低 128B 数据存储器和高 128B 数据存储器。低 128B数据存储器分为工作寄存器区、位寻址区和用户 RAM 区，而高 128 B 数据存储器为特殊功能寄存器（SFR）区。

低 128 B 数据存储器的地址空间分配如下：

工作寄存器区：地址范围为 0000H ~ 001FH，共 32 个存储单元，分为四组，每组有 8 个通用寄存器 R0 ~ R7。每组均可作为 CPU 当前的工作寄存器，可通过程序状态字（PSW）的 RS1、RS0 两位进行当前工作状态的设置，如表 4-9 所示。当复位时，自动选中第 0 组工作寄存器。一旦选中了一组，其他三组的地址空间只用于数据存储器，不能作为寄存器，如果有更多寄存需要必须重新设置。

表 4-9　工作寄存器组选择表

RS1	RS0	寄存器组	片内 RAM 地址	通用寄存器名称
0	0	0 组	00H ~ 07H	R0 ~ R7
0	1	1 组	08H ~ 0FH	R0 ~ R7
1	0	2 组	10H ~ 17H	R0 ~ R7
0	1	3 组	18H ~ 1FH	R0 ~ R7

位寻址区：地址范围为 0020H ~ 002FH，共 16 个字节，每个字节 8 位，共 128 位，其地址编码为 0000H ~ 007FH，这些地址单元构成了位寻址区，如表 4-10 所示。位寻址区既可采用位寻址方式访问，也可采用字节寻址方式访问。

表 4-10　位寻址区地址分配表

单元地址	位 地 址							
2FH	7F	7E	7D	7C	7B	7A	79	78
2EH	77	76	75	74	73	72	71	70
2DH	6F	6E	6D	6C	6B	6A	69	68
2CH	67	66	65	64	63	62	61	60
2BH	5F	5E	5D	5C	5B	5A	59	68
2AH	57	56	55	54	53	52	51	50
29H	4F	4E	4D	4C	4B	4A	49	48
28H	47	46	45	44	43	42	41	40
27H	3F	3E	3D	3C	3B	3A	39	38
26H	37	36	35	34	33	32	31	30
25H	2F	2E	2D	2C	2B	2A	29	28
24H	27	26	25	24	23	22	21	20
23H	1F	1E	1D	1C	1B	1A	19	18
22H	17	16	15	14	13	12	11	10
21H	0F	0E	0D	0C	0B	0A	09	08
20H	07	06	05	04	03	02	01	00

用户 RAM 区：地址范围为 30H ~ 7FH，共 80 个单元，可作为堆栈或数据缓冲使用。

高 128B 数据存储器为 SFR 区。AT89S51 单片机中共有 21 个 SFR 并分布在 80H ~ FFH 地址范围中，如表 4-11 所示。SFR 只能采用直接寻址及位寻址。

表 4-11　特殊功能寄存器表

SFR 助记符	位名称	地址
B	B 寄存器★	F0H
ACC	累加器★	E0H
PSW	程序状态字★	D0H
IP	中断优先级控制寄存器★	B8H
IE	中断允许控制寄存器★	A8H
TH0	定时器 0 高八位	8CH
TL0	定时器 0 低八位	8AH
TH1	定时器 1 高八位	8DH
TL1	定时器 1 低八位	8BH
TMOD	定时器方式选择寄存器	89H
TCON	定时器控制寄存器★	88H
SCON	串行口控制寄存器★	98H
PCON	电源控制及波特率选择寄存器	87H
SBUF	串行口数据缓冲寄存器	99H
P0	并行输入/输出口 0★	80H
P1	并行输入/输出口 1★	90H
P2	并行输入/输出口 2★	A0H
P3	并行输入/输出口 3★	B0H
DPH	数据指针高八位	83H
DPL	数据指针低八位	82H
SP	堆栈指针寄存器	81H

注：带"★"的 SFR 表示可以进行位操作，其地址的尾数是"0"或"8"。

（3）累加器 ACC。

累加器 ACC（简称 A 寄存器或累加器 A）是一个具有特殊用途的 8 位寄存器，主要用来存放一个操作数或存放运算的结果。累加器 ACC 是 CPU 中使用最频繁的寄存器，MCS-51 指令系统中多数指令的执行都通过它进行。

（4）寄存器 B。

寄存器 B 也是一个 8 位寄存器，在乘法和除法运算中用作 ALU 的输入之一。其他情况下，B 可作为一个工作寄存器使用。

（5）程序状态字（PSW）。

程序状态字（PSW）是一个 8 位寄存器，用来保存指令执行结果的状态信息，为后续指令的执行提供状态条件。其各位定义如下：

D7	D6	D5	D4	D3	D2	D1	D0
CY	AC	F0	RS1	RS0	OV	—	P

CY：进位标志位，又称为"位累加器"。

AC：辅助进位标志位。

F0：用户通用状态标志位。

RS1、RS0：当前工作寄存器区选择位。

OV：溢出标志位。

—：保留位。

P：奇偶标志位。

（6）堆栈指针（SP）。

堆栈是指用户在单片机内部 RAM 中开辟的、遵循"先进后出"原则、只能从一端存取数据的一个存储区。把存取数据的一端称为栈顶，用一个专用 8 位寄存器 SP 来表示，称为堆栈指针。MCS-51 的堆栈是向上（即向地址增加的方向）生成的，堆栈指针 SP 的初始值称为栈底。在堆栈操作过程中，SP 始终指向堆栈的栈顶。

（7）数据指针寄存器（DPTR）。

数据指针寄存器（DPTR）是一个 16 位的专用寄存器，其高位字节寄存器用 DPH 表示，低位字节寄存器用 DPL 表示。DPTR 既可作为一个 16 位寄存器 DPTR 来处理，也可作为两个独立的 8 位寄存器 DPH 和 DPL 来处理。

DPTR 主要用来存放 16 位地址，可通过它访问 64 KB 外部数据存储器或外部程序存储器空间。

（8）程序计数器（PC）。

PC 是 CPU 的最基本部件，它是一个独立的 16 位程序计数器，但不属于特殊功能寄存器，不可以访问，在物理结构上是独立的，用于存放下一条待执行指令的地址。

PC 的基本工作过程可以描述为：PC 中的数作为指令地址，输出给程序存储器，程序存储器按此地址输出指令字节，同时 PC 本身自动加 1，指向下一条指令。但在执行转移、调用类指令或响应中断等操作时，PC 的工作过程将有所不同。

MCS-51 的 PC 是一个 16 位寄存器，其寻址范围是 64 KB（即 2^{16} B）。在 MCS-51 指令系统中有一类基址加变址寻址的指令，PC 可用作该类指令的基本地址寄存器。

3. 输入/输出（I/O）接口

AT89S51 的输入/输出接口包括 4 个 8 位并行口（P0～P3），共 32 根口线。

4. 其他内部资源

AT89S51 内部还有 2 个 16 位定时/计数器、中断系统和 1 个全双工串行口。

定时/计数器：可以通过对系统时钟计数实现定时，也可对外部事件的脉冲进行计数。

中断系统：有 5 个中断源，其中外部中断源 2 个（由单片机的外围引脚 $\overline{INT0}$、$\overline{INT1}$ 引入）、内部中断源 3 个（分别由 2 个定时/计数器及串行口产生）。可以对 5 个中断源进行中断允许和中断优先级的控制。

全双工串行口：一个可编程全双工串行通信接口，具有通用异步接收/发送器（UART）的全部功能，可以同时进行数据的接收和发送，还可以作为一个同步移位寄存器使用。

三、显示单元

数字温度传感器的显示单元采用数码管显示，数码管显示器有共阳极和共阴极两种。共阴极 LED 显示器的发光二极管的阴极连接在一起，通常是其公共阴极接地。当某个发光二极管的阳极为高电平时，发光二极管点亮，相应的段被显示。同样，共阳极 LED 显示器的发光二极管的阳极连接在一起，通常是其公共阳极接正电压，当某个发光二极管的阴极接低电平时，发光二极管被点亮，相应的段就被显示。在控制 LED 数码管过程中，将不同的 8 位二进制数送到数码管中就可以使数码管显示不同的数字了。

在单片机应用系统中，单片机与数码管的连接可以分为静态显示和动态显示。静态显示时，较小的电流能得到较高的亮度且字符不闪烁。在单片机系统设计时，静态显示通常利用单片机的串行口实现。当显示器位数较少时，采用静态显示的方法比较适合。N 位静态显示器要求有 N×8 根 I/O 口线，占用 I/O 口线较多。所以在位数较多时往往采用动态显示方式。

动态显示就是一位一位地轮流点亮各位数码管，这种逐位点亮显示器的方法称为位扫描。通常，各位数码管的段选线相应并联在一起，由一个 8 位的 I/O 口控制；各位的位选线（公共阴极或阳极）由另外的 I/O 口线控制。动态方式显示时，各数码管分时轮流连通。要使其稳定显示，必须采用扫描方式，即在某一时刻只连通一位数码管，并送出相应的段码，在另一时刻连通另一位数码管，并送出相应的段码。依此规律循环，即可使各位数码管显示将要显示的字符。虽然这些字符是在不同的时刻分别显示，但由于人眼存在视觉暂留效应，只要每位显示间隔足够短就可以给人以同时显示的感觉。

8 段数码管一般由 8 个发光二极管（Llight-emitting diode，LED）组成，每一个位段就是一个发光二极管。一个 8 段数码管分别由 a、b、c、d、e、f、g 位段，外加上一个小数点的位段 h（或记为 dp）组成。根据公共端所接电平的高低，可分为共阳极和共阴极两种，如图 4-12 所示。实物外型见图 4-13。

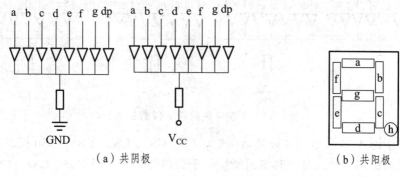

（a）共阴极　　　　　　　　　　　　　（b）共阳极

图 4-12　数码管　　　　　　　　图 4-13　数码管外形

有时数码管不需要小数点，只有 7 个位段，称 7 段数码管。共阴极 8 段数码管的信号端高电平有效，只要在各个位段上加上相应的信号即可使相应的位段发光，比如：要使 a 段发光，则在 a 段加上高电平即可。共阳极的 8 段数码管则相反，在相应的位段加上低电平即可使该位段发光。因而，一个 8 段数码管就必须有 8 位（即 1 个字节）数据来控制各个位段的亮灭。比如：对共阴极 8 段数码管，PTA0 ~ 7 分别接 a ~ g、dp，即 PTA=0b011111111 时，a 段亮；当 PTA=0b00000001 时，除 h 位段外，其他位段均亮。如此推算，有几个 8 段数码管，就必须有几个字节的数据来控制各个数码管的亮灭。这样控制虽然简单，却不切实际，MCU 也不可能提供这么多的端口用来控制数码管，因此，一般将几个 8 段数码管合在一起使用，通过一个称为数据口的 8 位数据端口来控制段位。而一个 8 段数码管的公共端，原来接到固定的电平（对共阴极是 GND，对共阳极是 Vcc），现在接到 MCU 的一个输出引脚，由 MCU 来控制，通常叫"位选信号"，而把这些由 n 个数码管合在一起的数码管组称为 n 连排数码管。这样，MCU 的两个 8 位端口就可以控制一个 8 连排的数码管。若是要控制更多的数码管，则可以考虑外加一个译码芯片。例如，一个 4 连排的共阴极数码管，它们的位段信号端（称为数据端）接在一起，可以由 MCU 的一个 8 位端口控制，同时还有 4 个位选信号（称为控制端），用于分别选中要显示数据的数码管，可用 MCU 另一个端口的 4 个引脚来控制。如图 4-14 所示。

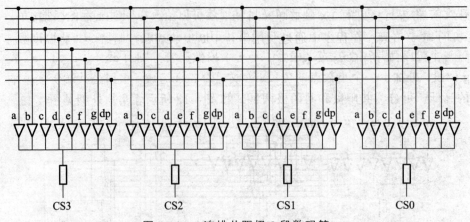

图 4-14　4 连排共阴极 8 段数码管

对于图 4-14 所示的 4 连排数码管，利用 CS3、CS2、CS1、CS0 控制各个数码管的位选信号，每个时刻只能让一个数码管有效，即 CS3、CS2、CS1、CS0 只能有一个为 0，例如令 CS3=0，CS2、CS1、CS0=111，则数据线上的数据体现在第一个数码管上，其他则不受影响。要让各个数据管均显示需要的数字，则必须逐个使相应位选信号为 0，其他位选信号为 1，并将要显示的一位数字送到数据线上。这种方法叫"位选线扫描法"。虽然每个时刻只有一个数码管有效，但只要延时适当，由于人眼的"视觉暂留效应"（约 100 ms 左右），看起来则是同时显示的。

四、电路工作原理

数字温度计采集终端包含四个部分：主控 CPU，显示电路、温度传感器及串口通信接口。

为了便于仿真，其主控 CPU 采用 MCS51 单片机系列的 AT89C51，该 CPU 具有 8 位 51 内核，32 只并行 I/O 引脚，内部具备定时器和串行缓冲器，便于使用。

显示电路采用 Protues 中常用的集成 6 位共阴极数码显示器，与单片机总线连接非常方便。温度传感器采用 DS18B20 数字温度传感器，该传感器精度达到 0.0625 摄氏度，单数据总线串行输出，仿真温度可在线调整。

数字温度计具体连接如图 4-15 所示，温度传感器 DS18B20 数据总线 DQ 连接到单片机的 P1.7，作为 CPU 的温度数据采集输入端，以及对温度传感器的配置端，通过串行方式，向温度传感器写入初始化命令，读取温度数据。采集的温度数据经过 CPU 进行运算后，转化为可显示的温度数值，通过并行总线 P0 口，送到显示器进行显示。同时为了实现远程采集和控制，配备了串行接口。将串行接口的 TX 端接单片机的 TX 引脚，将串行接口的 RX 端接单片机的 RX 引脚。在程序中通过利用串行中断接收远程控制命令，将温度数值遵循一定的通信协议，发往串口。

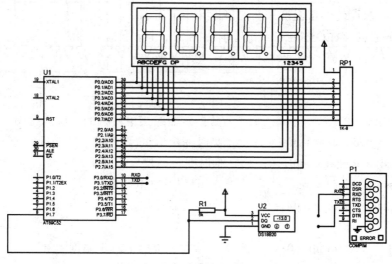

图 4-15　硬件电路图

第二节　仿真电路

仿真电路效果如图 4-16 所示。

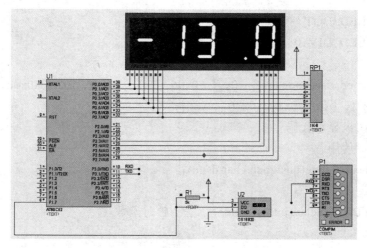

图 4-16　仿真电路效果图

第三节 软件程序

数字温度传感器温度采集程序设计如下所示。

```
#include <REG52.H>
#include <stdio.h>
#define uchar unsigned char

sbit DQ=P1^7;                //数据传输线接单片机的相应的引脚
unsigned    char tempL=0;     //临时变量低位(无符号字符变量)
unsigned char tempH=0;       //临时变量高位
unsigned int tempa;           //温度值(整型变量)
uchar display_data[4]={0};    //存放显示数据

bit          btmp = 0;         //温度正负标记, 正温度为 0
bit          bSendToPC  = 0;  //是否发送到上位机

sbit LED_SIGNED = P2^2;      //正负号
sbit LED_100    = P2^3;      //百位
sbit LED_10  = P2^4;         //十位
sbit LED_1      = P2^5;      //个位
sbit LED_DOT    = P2^6;      //小数点
sbit LED_DIV10  = P2^7;      //十分位

unsigned char code dis[]={0x3f, 0x06, 0x5b, 0x4f, 0x66, 0x6d, 0x7d,
0x07, 0x7f, 0x6f, 0x39, 0x40, 0x80};
//共阴极显示代码
//串口使用
void send_byte(unsigned char dsnd);

void DS18_delay(int useconds)        //延时函数
 {
 int s;
```

```c
        for (s=0; s<useconds; s++);
    }

    void delay (int nms)
    {
        int i=0;
        for(i=0; i<nms; i++)
            DS18_delay(100);
    }
    unsigned char Init_DS18B20(void)
    {
        unsigned char x=0;

        DQ=0;                      //发送复位脉冲
        DS18_delay(40);            //延时(>480 ms)
        DQ=1;                      //拉高数据线
        DS18_delay(8);             //等待(15～60 ms)等待存在脉冲
        x=DQ;                      //获得存在信号(用于判断是否有器件)
        DS18_delay(30);            //等待时间隙结束
        return(x);                 //返回存在信号，0=器件存在，1=无器件
    }
    unsigned char ReadOneChar(void)//读一个字节
    {
        unsigned char i=0;
        unsigned char dat=0;
        for (i=8; i>0; i--)
        {
            DQ=1;
            DS18_delay(3);
            DQ=0;
            dat>>=1;           //复合赋值运算，等效 dat=dat>>1(dat=dat 右移一
位后的值)
            DQ=1;
            if(DQ)
```

```c
        dat|=0x80;
        DS18_delay(10);
    }
        return(dat);
}
void WriteOneChar(unsigned char dat)
                //有参函数，功能是"写"，而写的内容就是括号内的参数
{
  unsigned char i=0;
  for(i=8; i>0; i--)
  {
  DQ=0;
  DQ=dat&0x01;
  DS18_delay(5);
  DQ=1;
  dat>>=1;                //复合赋值运算，等效 dat=dat>>1(dat=dat 右移一
位后的值)
  }
  DS18_delay(4);
}
unsigned int ReadTemperature(void)        //返回读取的温度
  {
  Init_DS18B20();            //初始化，调用初始化函数
  WriteOneChar(0xcc);        //跳过读序列号的操作，调用写函数，写 0xcc
指令码(跳过读序列号)
  WriteOneChar(0x44);        //启动温度转换，调用写函数，写 0x44 指令码
(启动温度转换)

  DS18_delay(150);            //转换需要一点时间，延时
  Init_DS18B20();            //初始化，调用初始化函数
  WriteOneChar(0xcc);        //跳过读序列号的操作，调用写函数，写 0xcc
指令码(跳过读序列号)
  WriteOneChar(0xbe);        //调用写函数，写 0xbe 指令码，读温度寄存
器(头两个值分别为温度的低位和高位)
```

```
    DS18_delay(1);
    tempL=ReadOneChar();        //读出温度的低位 LSB
    tempH=ReadOneChar();        //读出温度的高位 MSB
    DS18_delay(1);
    tempa   = tempH<<8;
    tempa |= tempL;
    return(tempa);              //运算结果返回到函数
}
void display()                 //显示函数
{
    if(btmp)                   //是负数
    //显示符号位
    {
        P0 = 0x40;
        LED_100 = 0;
        delay(1);
        LED_100 = 1;
        goto DECM;
    }
    else
    {
        P0 = 0x0;
        LED_SIGNED = 0;
        delay(1);
        LED_SIGNED = 1;
    }

    //显示百位数
    if(display_data[0] == 0)
        P0 = 0x0;
    else
        P0 = dis[display_data[0]];
    LED_100 = 0;
    delay(1);
```

```c
        LED_100 = 1;

    //显示十位
    DECM: if((display_data[0]==0) && (display_data[1]==0))
        P0 = 0;
    else
        P0 = dis[display_data[1]];
    LED_10 = 0;
    delay(1);
    LED_10 = 1;

    //显示个位数
    P0 = dis[display_data[2]];
    LED_1 = 0;
    delay(1);
    LED_1 = 1;

    //显示小数点
    P0 = 0x80;
    LED_DOT = 0;
    delay(1);
    LED_DOT = 1;
    //显示小数
    P0 = dis[display_data[3]];
    LED_DIV10 = 0;
    delay(1);
    LED_DIV10 = 1;

}

void serial_event() interrupt 4      //串口接收中断函数
{
    unsigned char suf;
    if(RI==1)                          //在中断里尽量只做需要的事情
```

```
    {
        suf=SBUF;
        RI=0;
        //send_byte(suf);
        if(suf==0xA5)
            bSendToPC = 1;
        else
            bSendToPC = 0;
    }

}

void init_uart()
{
    SCON   = 0x50;          //SCON: serail mode 1, 8-bit UART, enable ucvr
    TMOD |= 0x20;           //TMOD: timer 1, mode 2, 8-bit reload
    PCON |= 0x80;           //SMOD=1;
    TH1    = 0xF4;          //Baud: 4800   fosc=11.0592MHz
    IE     |= 0x90;         //Enable Serial Interrupt
    TR1    = 1;             // timer 1 run

}

void send_byte(unsigned char dsnd)
{
    //bit es;        //保存先前 ES 状态变量, 这样可以不干扰其他用户用
它是现在的状态
    //es=ES;
    //ES=0;          //暂时关闭串口中断
    SBUF=dsnd;         //数据放入 SBUF 缓冲器等待发送完成
    while(TI==0);      //等待发送完成
    TI=0;
    //ES=es;            //恢复先前状态

    }
```

```c
void main()
{

 unsigned   int temp;
 P0=0x0;
 P2=0xFF;
 //初始化串口
 init_uart();

 while(1)
 {
   temp=ReadTemperature();

   if(tempH & 0xF8)
     {
             btmp=1; //负数
             temp =  ~ temp+1;
     }
   else
       btmp = 0;

   temp *=6.25; //分辨率扩大了 100 倍

   display_data[0]=temp/10000;              //100 位
   display_data[1]=(temp/1000)%10;      //10 位
   display_data[2]=(temp/100)%10;        //1 位
   display_data[3]=(temp/10)%10;         //10 分位
   //显示
   display();

 if(bSendToPC == 1)
 {
   //串口通信协议
   send_byte(0x55); //头部
```

```
    if(btmp)
        send_byte(0xFF);   //符号字节
    else
        send_byte(0x00);
    send_byte(display_data[0]);   //4 个数据字节
    send_byte(display_data[1]);
    send_byte(display_data[2]);
    send_byte(display_data[3]);
    send_byte(0xAA);                        //结束标记
    }


    }
}
```

第五章　模拟温度传感器温度采集与仿真

第一节　工作原理

主控单元及显示单元参考第四章第一节内容。

一、分频单元

分频单元选用 74LS74，逻辑图如图 5-1 所示。74LS74 是一种双上升沿 D 触发器，内含两个相同的、相互独立的 D 上升沿双 d 触发器，真值表如表 5-1 所示。

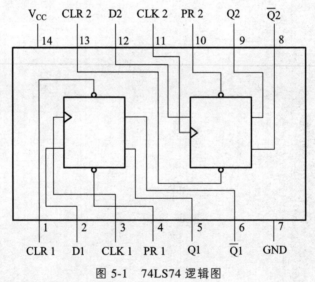

图 5-1　74LS74 逻辑图

管脚符号：

1CP、2CP—时钟输入端

1D、2D—数据输入端

1Q、2Q、1$\overline{Q}$、2$\overline{Q}$—输出端

CLR1、CLR2—直接复位端（低电平有效）

PR1、PR2—直接置位端（低电平有效）

表 5-1   74LS74 真值表

Inputs				Outputs	
PR	CLR	CLK	D	Q	$\bar{Q}$
L	H	X	X	H	L
H	L	X	X	L	H
L	L	X	X	H*	H*
H	H	↑	H	H	L
H	H	↑	L	L	H
H	H	L	X	Q_0	$\bar{Q}_0$

H—高电平有效

X—高电平或低电平

L—低电平有效

↑—正向跃迁

*—稳态

Q_0—Q 输出逻辑电平

二、锁存单元

74LS373 是一款常用的地址锁存器芯片，由八个并行的、带三态缓冲输出的 D 触发器构成。在单片机系统中为了扩展外部存储器，通常需要一块74LS373 芯片。373 为三态输出的八 D 透明锁存器，共有 54/74S373 和54/74LS373 两种线路结构型式，其主要电器特性的典型值如下（不同厂家具体值有差别），如表 5-2 所示。

表 5-2   373 型号

型号	t_{Pd}	P_D
54S373/74S373	7 ns	525 mW
54LS373/74LS373	17 ns	120 mW

373 的输出端 $O_0 \sim O_7$ 可直接与总线相连。当三态允许控制端 OE 为低电平时，$O_0 \sim O_7$ 为正常逻辑状态，可用来驱动负载或总线。当 OE 为高电平时，$O_0 \sim O_7$ 呈高阻态，即不驱动总线，也不为总线的负载，但锁存器内部的逻辑操作不受影响。当锁存允许端 LE 为高电平时，O 随数据 D 而变。当 LE 为低电平时，O 被锁存在已建立的数据电平。当 LE 端施密特触发器的输入滞后作用，使交流和直流噪声抗扰度被改善 400 mV。

引出端符号：$D_0 \sim D_7$　数据输入端

　　　　　　OE　　　三态允许控制端（低电平有效）

　　　　　　LE　　　锁存允许端

　　　　　　$O_0 \sim O_7$　　　输出端

外部管脚如图 5-2 所示，逻辑图如图 5-3 所示，真值表如表 5-3 所示。

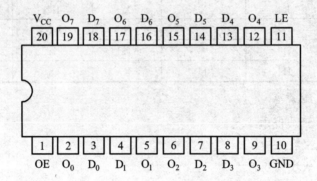

图 5-2　外部管脚图

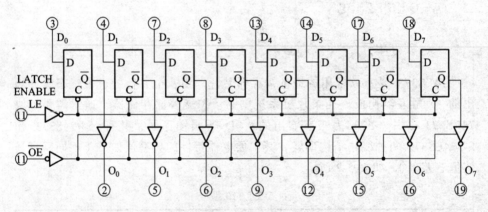

图 5-3　逻辑图

表 5-3　真值表

LS373

Dn	LE	$\overline{OE}$	On
H	H	L	H
L	H	L	L
X	L	L	Q0
X	X	H	Z*

H——表示高电平

L——表示低电平

X——表示不定电平（如何电平状态都可以）

Z——表示高阻态

Q0——表示建立稳态前 Q 的电平

极限值：

电源电压　···7 V

输入电压

54/74S373···5.5 V

54/74LS373···7 V

输出高阻态时高电平电压　·······························5.5 V

工作环境温度　54XXX　···························−55 ～ 125 ℃

74XXX　···························0 ～ 70 ℃

存储温度　···−65 ～ 150 ℃

推荐工作条件如表 5-4 所示。

表 5-4　推荐工作条件

		54/74 S373			54/74 LS373			单位
		最小	额定	最大	最小	额定	最大	
电源电压 Vcc	54	4.5	5	5.5	4.5	5	5.5	V
	74	4.75	5	5.25	4.75	5	5.25	
输入高电平电压 V_{iH}		2			2			V
输入低电平电压 V_{iL}	54			0.8			0.7	V
	74			0.8			0.8	
输入高电平电压 I_{OH}	54			-2			-1	mA
	74			-6.5			-2.6	
输入低电平电流 I_{OL}	54			20			12	mA
	74			20			24	

脉冲宽度	LE（H）	6			15			ns
	LE（L）	7.3			15			
保持时间	D	10↓			10↓			ns
建立时间	D	0↓			0↓			ns

三、模数转换单元

模数转换单元选用 ADC0808，其主要特征、内部结构及接口电路如下。

（一）主要特性

（1）8 路 8 位 A/D 转换器，即分辨率 8 位。

（2）具有转换起停控制端。

（3）转换时间为 100 μs。

（4）单个+5 V 电源供电。

（5）模拟输入电压范围 0 ~ +5 V，不需零点和满刻度校准。

（6）工作温度范围为-40 ~ +85 ℃。

（7）低功耗，约 15 mW。

（二）外部特性（引脚功能）

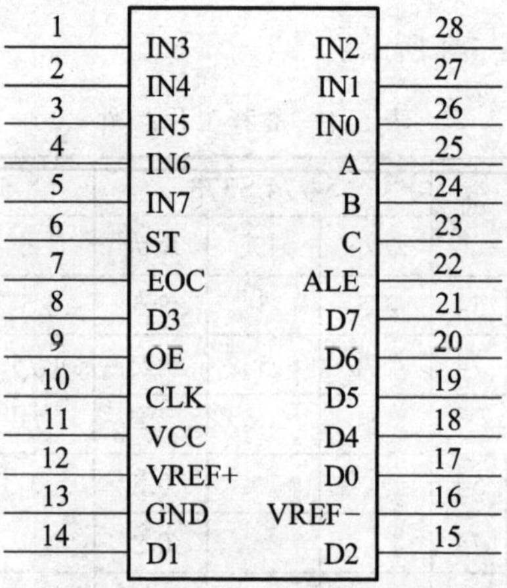

1	IN3	IN2	28
2	IN4	IN1	27
3	IN5	IN0	26
4	IN6	A	25
5	IN7	B	24
6	ST	C	23
7	EOC	ALE	22
8	D3	D7	21
9	OE	D6	20
10	CLK	D5	19
11	VCC	D4	18
12	VREF+	D0	17
13	GND	VREF−	16
14	D1	D2	15

图 5-4　ADC0808 封装及管脚

ADC0808 芯片有 28 条引脚，采用双列直插式封装，如图 5-4 所示。下面说明各引脚功能。

D7-D0：8 位数字量输出引脚。

IN0-IN7：8 位模拟量输入引脚。

VCC：+5V 工作电压。

GND：地。

VREF（+）：参考电压正端。

VREF（-）：参考电压负端。

START：A/D 转换启动信号输入端。

ALE：地址锁存允许信号输入端。

（以上两种信号用于启动 A/D 转换）

EOC：转换结束信号输出引脚，开始转换时为低电平，当转换结束时为高电平。

OE：输出允许控制端，用以打开三态数据输出锁存器。

CLK：时钟信号输入端（一般为 500KHz）。

A、B、C：地址输入线。

（三）内部结构

（1）ADC0809 是 CMOS 单片型逐次逼近式 A/D 转换器，内部结构如图 5-5 所示，它由 8 路模拟开关，地址锁存与译码器、比较器、8 位开关树型 D/A 转换器、逐次逼近寄存器、三态输出锁存器等其他一些电路组成。因此，ADC0808 可处理 8 路模拟量输入，且有三态输出能力，既可与各种微处理器相连，也可单独工作，输入输出与 TTL 兼容。

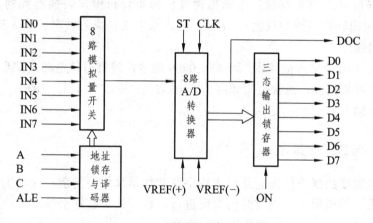

图 5-5　ADC0808 内部结构框图

（2）地址输入和控制线。

如图 5-8 所示，地址输入和控制线共 4 条。ALE 为地址锁存允许输入线，高电平有效。当 ALE 线为高电平时，地址锁存与译码器将 A，B，C 三条地址线的地址信号进行锁存，经译码后被选中的通道的模拟量进转换器进行转换。A，B 和 C 为地址输入线，用于选通 IN0 – IN7 上的一路模拟量输入。通道选择表如表 5-5 所示。

表 5-5 通道选择表

C	B	A	选择的通道
0	0	0	IN0
0	0	1	IN1
0	1	0	IN2
0	1	1	IN3
1	0	0	IN4
1	0	1	IN5
1	1	0	IN6
1	1	1	IN7

（3）数字量输出及控制线。

ST 为转换启动信号。当 ST 上跳沿时，所有内部寄存器清零；下跳沿时，开始进行 A/D 转换；在转换期间，ST 应保持低电平。EOC 为转换结束信号。当 EOC 为高电平时，表明转换结束；否则，表明正在进行 A/D 转换。OE 为输出允许信号，用于控制三条输出锁存器向单片机输出转换得到的数据。OE=1，输出转换得到的数据；OE=0，输出数据线呈高阻状态。$D_7 - D_0$ 为数字量输出线。

CLK 为时钟输入信号线。因 ADC0809 的内部没有时钟电路，所需时钟信号必须由外界提供，通常使用频率为 500KHZ，VREF（＋），VREF（－）为参考电压输入。

四、电路工作原理

模拟温度数据采集在电路上比数字温度数据采集要复杂一些。主要在于因为是采集的模拟量，需要对模拟量进行模数转换。在这里我们要清楚所采集的模拟量（电压）与温度数值之间的关系。

根据热敏电阻数据手册我们知道，热敏电阻的电阻值 Rt 与温度之间存在函数关系，记为 $Rt=f(t)$，而电阻与电压之间存在另一函数关系，记为 $U(Rt) = \dfrac{U}{Rt+R} \times Rt$，这样只要能知道热敏电阻两端的电压，根据欧姆定律，我们就可以知道当前热敏电阻的电阻值，再根据热敏电阻值与温度之间的对应关系，就可以确定出当前温度来。

要实现模拟温度的采集，需要使用到模数转换器，为了仿真方便，本实例采用了 ADC0808 芯片，该芯片是 8 路模拟量输入，并行 8 位数字输出，此处仿真只使用了一路，即 IN0 这一路，也就是在单片机编程时，保持 ABC 三个编码输入端保持为 000.，该编码利用 74LS373 进行了锁存，如图 5-6 所示。

　　要正确使用 ADC0808 芯片，还要注意的是该芯片的采集时钟构成。ADC0808 时钟输入为 CLOCK 引脚，来源于单片机的锁存信号 ALE 经过 4 分频，如果单片机时钟设置为 11.059 2 MHz，那么模数转换的时钟即为 CLOCK=11.059 2 MHz÷6÷4=460 KHz，符合 ADC0808 器件的时钟范围。

　　ADC0808 芯片的 START 信号产生。

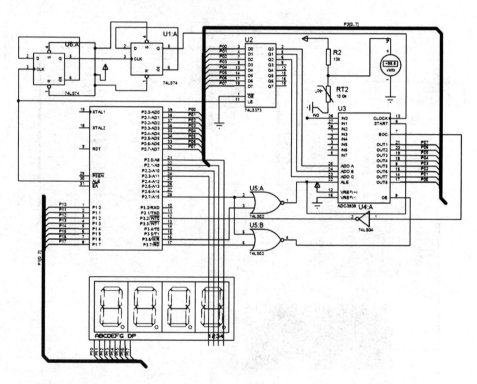

5-6　原理图

　　转换开始信号由单片机芯片片选 P2.7 与 P3.6 写控制引脚进行或非产生转换启动信号，P2.7 保持低电平，当 P3.6 为 0 时，产生 START=1，启动 ADC 转换。转换结束后的数字温度值，在 OE 的控制下通过并行总线输出。OE 信号的产生由单片机芯片片选 P2.7 与 P3.7 读控制引脚进行或非产生 OE 信号，当 P2.7 保持低电平，当 P3.7 为 0 时，产生 OE=1，允许 ADC 芯片数字输出，下一个时钟周期转换后的温度数值出现在单片机的数据总线上。

　　其他显示电路、串口通信电路等的构成与数字温度传感器数据采集电路相同，这里不再赘述。

需要注意的是，在进行电压数值向温度数值进行转化的过程中，由于单片机的浮点数处理能力较差，通常采用查表法。根据热敏电阻数据手册中电阻与温度数值对应关系进行数值逼近拟化，形成电压与温度对应的表格，通过查表得到对应的温度值。

第二节　仿真电路

程序编译、运行后，仿真效果如图 5-7 所示。

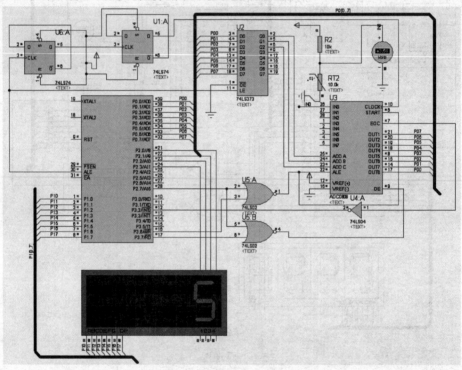

5-7　仿真图

第三节　软件程序

模拟温度传感器温度采集程序设计如下所示。

```
#include <reg51.h>
#include <absacc.h>
```

```c
#define uint    unsigned int        //定义数据类型
#define uchar unsigned char         //byte


#define AD XBYTE[0X7FF8]            //定义 AD   XBYTE 外部存储区  0x7ff8

sbit led1=P2^0;         //LED 显示器的最右边 4 号
sbit led2=P2^1;         //LED 显示器的最右边 3 号
sbit led3=P2^2;         //LED 显示器的最右边 2 号
sbit led4=P2^3;         //LED 显示器的最右边 1 号

sbit ad_busy=P3^2;    // &EOC

bit bk=1;                    //

uchar ad_data，LED1，LED2，LED3；//ADC 转换后的数值，LE1 LED2，
LED3 段码

uchar idata led_data[3]；    //定义了 3 个字节的数组，


uchar code led_segment[12]={0x3F，0x06，0x5B，0x4F，0x66，0x6D，
0x7D，0x07，0x7F，0x6F，0x0，0x0}；//0，1，2，-9，关断，段码/字形码

                 //0,1，  2，    3，  4，    5   6   7   8    9    10
11   12   15     20      25
uchar code Rt[]={200，193，190，188，185，183，180，177，175，172，
169，167，164，152，140，127}；    //AD 数值与温度的对应表格


//延时函数
void delay(unsigned int i)
{
    while(i)i--;
```

```
    }


void display(uchar ad)
{

    LED1=ad%10;        //个位数

    LED2=(ad/10)%10;   //    十位数
    //LED2=ad_data/10;
    LED3=ad/100;           //取百位数

    P2=0xff;                        // 0809    ALE START   =0；OE=0；，数码
管的位码 1111，设置为高，数码管灭
    delay(2);


    P1=led_segment[LED1];      //查询个位数对应的段码，从 P1 口送出
显示
    led1=0;                      //打开数码管 4
    delay(100);                  //显示 delay(100)的时间
    led1=1;                      //关掉数码管

    if((LED3==0)&&(LED2==0))//当 10 位和百位数值为 0 时，这两数码
管黑屏
            LED2=10;
    P1=led_segment[LED2];    //得到 P1=0x0；黑屏，
    led2=0;
    delay(100);
    led2=1;

    if(LED3==0)LED3=10;
    P1=led_segment[LED3];
```

```
        led3=0;
        delay(100);
        led3=1;

        bk=!bk;
    }

//Rt = 10 AD/(256-AD)
void ad0808(void) interrupt 0      //中断 0 的中断服务函数，代表的是外部
中断 0
    {
        EA=0;            //关总中断
        EX0=0;           //关 INT0

        ad_data=AD；    //读外部存储区 0x7FF8


        EA=1；           //开总中断
        EX0=1；          //开 INT0
    }


void main(void)
    {
        uchar i;
        EA=1；     //打开中断
        EX0=1；
        //IT0=1；
        ad_data=0；    //
        ad_busy=0；

        while(1)
        {
```

```
    if(bk)
        AD=0;

    //搜索表
    for(i=0; i<255; i++)
    {
        if((Rt[i]-1 <= ad_data) && (ad_data <= Rt[i]+1))
        {

                display(i); //显示温度，此处序号就是温度值
            break;

        }
    }

    }
}
```

第六章　上位机软件设计

第一节　环境配置

一、Protues ISIS 中串口设置

在仿真环境中，添加串口连接器 COMPIM，COMPIM 器件模型与引脚两线如图 6-1、6-2 所示。

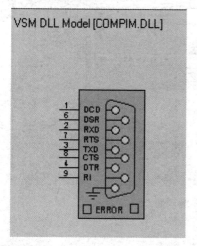

图 6-1　COMPIM 器件模型

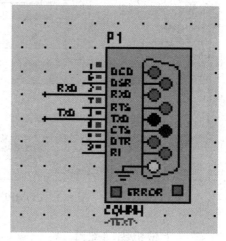

图 6-2　引脚连接图

并将 TXD 引脚连接到单片机的 P3.1（TXD）引脚，RXD 连接到单片机的 P3.0（RXD）引脚，如上图 6-2 所示。在器件上点击鼠标右键，选编辑属性，出现 COMPIM 属性设置窗口。选择物理串口及其波特率如图 6-3 所示。这里要注意的是波特率的设置需要与仿真程序中串口通信部分的波特率设置相对应。

void init_uart()//仿真程序的串口初始化部分 Keil C 代码

```
{
    SCON  = 0x50;        //SCON: serail mode 1, 8-bit UART, enable ucvr
    TMOD |= 0x20;        //TMOD:  timer 1,   mode 2,   8-bit reload
```

```
    PCON |= 0x80;              //SMOD=1;
    TH1    = 0xF4;             //Baud: 4800   fosc=11.0592MHz
    IE     |= 0x90;            //Enable Serial Interrupt
    TR1    = 1;                // timer 1 run

}
```

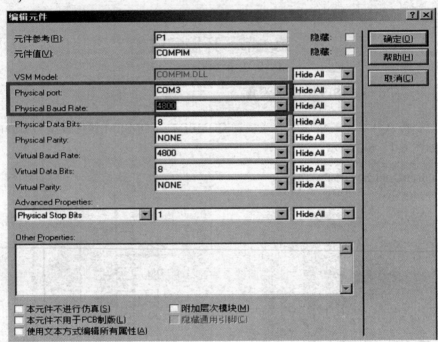

图 6-3　COMPIM 器件编辑窗口

二、上位机串口配置

如果上位机有物理串口存在，可以使用实际的物理串口收发数据。如果上位机没有实际的物理串口，则可以在上位机安装虚拟串口软件，模拟串口进行数据收发。本文以模拟串口为例进行配置。

首先下载虚拟串口 vspd7.2.308 软件包，解压后存在两个文件：vspd.exe 和 vspdctl.dll 文件，运行 vspd.exe 进行安装，一路默认设置即可。安装完成后将 vspdctl.dll 文件复制到安装目录,覆盖掉原同名文件,即完成安装和注册。

然后启动虚拟串口软件的配置功能，如图 6-4、6-5 所示。在配置界面上点击 Add pair 按钮即可添加一对串口 COM3 和 COM4。这样，COM3 由前节所示 ISIS 仿真软件占用，COM4 则由上位机程序使用。

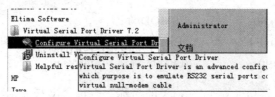

图 6-4　串口设置调用

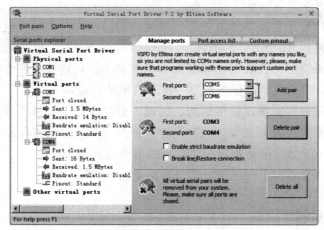

图 6-5　串口设置

　　最后进行串口通信测试。在上位机上，打开串口调试助手，配置端口为 COM4，波特率为 4800（与前面配置对应），将发送区 1 属性的 16 进制勾选中，在发送区 1 输入 A5，点击发送。就可以在接收区收到串口数据了，如图 6-6 所示。

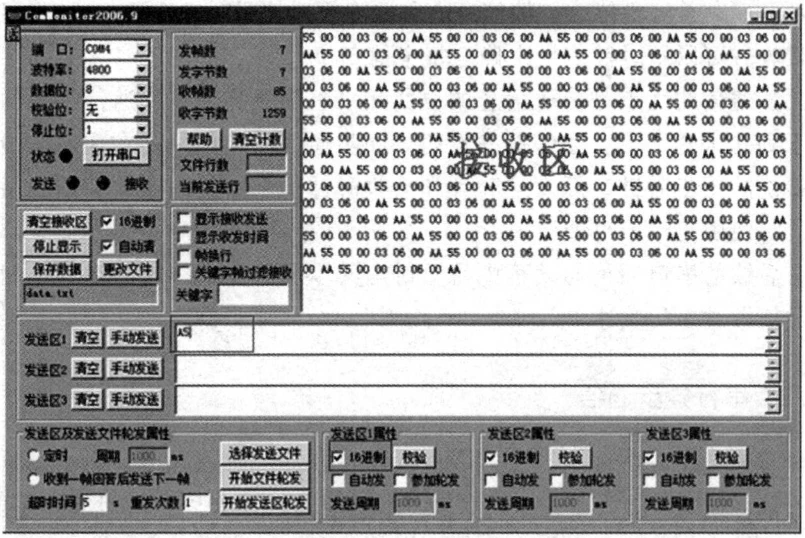

图 6-6　串口通信

第二节　串口通信基础知识

串口是串行接口（serial port）的简称，也称为串行通信接口或 COM 接口。串口通信是指采用串行通信协议（serial communication）在一条信号线上将数据一个比特一个比特地逐位进行传输的通信模式。串口按电气标准及协议来划分，包括 RS-232-C、RS-422、RS485 等。

在串行通信中，数据在 1 位宽的单条线路上进行传输，一个字节的数据要分为 8 次，由低位到高位按顺序一位一位地进行传送。

串行通信的数据是逐位传输的，发送方发送的每一位都具有固定的时间间隔，这就要求接收方也要按照发送方同样的时间间隔来接收每一位。不仅如此，接收方还必须能够确定一个信息组的开始和结束。

常用的两种基本串行通信方式包括同步通信和异步通信。

一、串行同步通信

同步通信（SYNC：synchronous data communication）是指在约定的通信速率下，发送端和接收端的时钟信号频率和相位始终保持一致（同步），这样就保证了通信双方在发送和接收数据时具有完全一致的定时关系。

同步通信把许多字符组成一个信息组（信息帧），每帧的开始用同步字符来指示，一次通信只传送一帧信息。在传输数据的同时还需要传输时钟信号，以便接收方可以用时针信号来确定每个信息位。

同步通信的优点是传送信息的位数几乎不受限制，一次通信传输的数据有几十到几千个字节，通信效率较高。同步通信的缺点是要求在通信中始终保持精确的同步时钟，即发送时钟和接收时钟要严格的同步（常用的做法是两个设备使用同一个时钟源）。

在后续的串口通信与编程中将只讨论异步通信方式，所以在这里就不对同步通信做过多的赘述了。

二、串行异步通信

异步通信（ASYNC：asynchronous data communication），又称为起止式异步通信，是以字符为单位进行传输的，字符之间没有固定的时间间隔要求，而每个字符中的各位则以固定的时间传送。

在异步通信中，收发双方取得同步是通过在字符格式中设置起始位和停止位的方法来实现的。具体来说就是，在一个有效字符正式发送之前，发送器先发送一个起始位，然后发送有效字符位，在字符结束时再发送一个停止位，起始位至停止位构成一帧。停止位至下一个起始位之间是不定长的空闲位，并且规定起始位为低电平（逻辑值为 0），停止位和空闲位都是高电平（逻辑值为 1），这样就保证了起始位在开始处一定会有一个下跳沿，由此就可以标志一个字符传输的起始。而根据起始位和停止位也就很容易的实现了字符的界定和同步。

显然，采用异步通信时，发送端和接收端可以由各自的时钟来控制数据的发送和接收，这两个时钟源彼此独立，可以互不同步。

下面简单的说说异步通信的数据发送和接收过程。

（一）异步通信的数据格式

在介绍异步通信的数据发送和接收过程之前，有必要先弄清楚异步通信的数据格式。

异步通信规定传输的数据格式由起始位（start bit）、数据位（data bit）、奇偶校验位（parity bit）和停止位（stop bit）组成，如图 6-7 所示（该图中未画出奇偶校验位，因为奇偶检验位不是必须有的，如果有奇偶检验位，则奇偶检验位应该在数据位之后，停止位之前）。

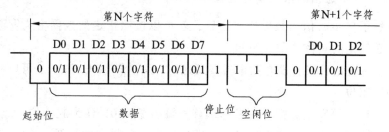

图 6-7 异步通信数据格式

（1）起始位。

起始位必须是持续一个比特时间的逻辑 0 电平，标志传输一个字符的开始，接收方可用起始位使自己的接收时钟与发送方的数据同步。

（2）数据位。

数据位紧跟在起始位之后，是通信中的真正有效信息。数据位的位数可以由通信双方共同约定，一般可以是 5 位、7 位或 8 位，标准的 ASCII 码是 0 ~ 127（7 位），扩展的 ASCII 码是 0 ~ 255（8 位）。传输数据时先传送字符的低位，后传送字符的高位。

（3）奇偶校验位。

奇偶校验位仅占一位，用于进行奇校验或偶校验，但奇偶检验位不是必须有。如果是奇校验，需要保证传输的数据总共有奇数个逻辑高位；如果是偶校验，需要保证传输的数据总共有偶数个逻辑高位。

例如，假设传输的数据位为 01001100，如果是奇校验，则奇校验位为 0（要确保总共有奇数个 1），如果是偶校验，则偶校验位为 1（要确保总共有偶数个 1）。

由此可见，奇偶校验位仅是对数据进行简单的置逻辑高位或逻辑低位，不会对数据进行实质的判断，这样做的好处是接收设备能够知道一个位的状态，有可能判断是否有噪声干扰了通信以及传输的数据是否同步。

（4）停止位。

停止位可以是是 1 位、1.5 位或 2 位，可以由软件设定。它一定是逻辑 1 电平，标志着传输一个字符的结束。

（5）空闲位。

空闲位是指从一个字符的停止位结束到下一个字符的起始位开始，表示线路处于空闲状态，必须由高电平来填充。

（二）异步通信的数据发送过程

清楚了异步通信的数据格式之后，就可以按照指定的数据格式发送数据了，发送数据的具体步骤如下：

（1）初始化后或者没有数据需要发送时，发送端输出逻辑 1，可以有任意数量的空闲位。

（2）当需要发送数据时，发送端首先输出逻辑 0，作为起始位。

（3）接着开始输出数据位了，发送端首先输出数据的最低位 D0，然后是 D1，最后是数据的最高位。

（4）如果设有奇偶检验位，发送端输出检验位。

（5）最后，发送端输出停止位（逻辑 1）。

（6）如果没有信息需要发送，发送端输出逻辑 1（空闲位），如果有信息需要发送，则转入步骤（2）。

（三）异步通信的数据接收过程

在异步通信中，接收端以接收时钟和波特率因子决定每一位的时间长度。

下面以波特率因子等于 16（接收时钟每 16 个时钟周期使接收移位寄存器移位一次）为例来说明。

（1）开始通信，信号线为空闲（逻辑 1），当检测到由 1 到 0 的跳变时，开始对接收时钟计数。

（2）当计到 8 个时钟的时候，对输入信号进行检测，若仍然为低电平，则确认这是起始位，而不是干扰信号。

（3）接收端检测到起始位后，隔 16 个接收时钟对输入信号检测一次，把对应的值作为 D0 位数据。

（4）再隔 16 个接收时钟，对输入信号检测一次，把对应的值作为 D1 位数据，直到全部数据位都输入。

（5）检验奇偶检验位。

（6）接收到规定的数据位个数和校验位之后，通信接口电路希望收到停止位（逻辑 1），若此时未收到逻辑 1，说明出现了错误，在状态寄存器中置"帧错误"标志；若没有错误，对全部数据位进行奇偶校验，无校验错时，把数据位从移位寄存器中取出送至数据输入寄存器，若校验错，在状态寄存器中置"奇偶错"标志。

（7）本帧信息全部接收完，把线路上出现的高电平作为空闲位。

（8）当信号再次变为低时，开始进入下一帧的检测。

三、串口通信的几个基本概念

为了更好的理解串口通信，我们还需要了解几个串口通信当中的基本概念。

（1）发送时钟：发送数据时，首先将要发送的数据送入移位寄存器，然后在发送时钟的控制下，将该并行数据逐位移位输出。

（2）接收时钟：在接收串行数据时，接收时钟的上升沿对接收数据采样，进行数据位检测，并将其移入接收器的移位寄存器中，最后组成并行数据输出。

（3）波特率因子：波特率因子是指发送或接收 1 个数据位所需要的时钟脉冲个数。

四、串口接头

常用的串口接头有两种，一种是 9 针串口（简称 DB-9），一种是 25 针串口（简称 DB-25）。每种接头都有公头和母头之分，其中带针状的接头是公头，而带孔状的接头是母头。9 针串口的外观如图 6-8 所示。

图 6-8　DB-9 外观图

由图 6-8 可以看出，在 9 针串口接头中，公头和母头的管脚定义顺序是不一样，这一点需要特别注意。那么，这些管脚都有什么作用呢？9 针串口和 25 针串口常用管脚的功能说明如表 6-1 所示。

表 6-1　9 针串口和 25 针串口常用管脚功能说明

9 针串口（DB9）			25 针串口（DB25）		
针号	功能说明	缩写	针号	功能说明	缩写
1	数据载波检测	DCD	8	数据载波检测	DCD
2	接收数据	RXD	3	接收数据	RXD
3	发送数据	TXD	2	发送数据	TXD
4	数据终端准备	DTR	20	数据终端准备	DTR
5	信号地	GND	7	信号地	GND
6	数据设备准备好	DSR	6	数据设备准备好	DSR
7	请求发送	RTS	4	请求发送	RTS
8	清除发送	CTS	5	清除发送	CTS
9	振铃指示	RELL	22	振铃指示	RELL

五、RS-232C 标准

常用的串行通信接口标准有 RS-232C、RS-422、RS-423 和 RS-485。其中，RS-232C 作为串行通信接口的电气标准定义了数据终端设备（DTE：data terminal equipment）和数据通信设备（DCE：data communication equipment）间按位串行传输的接口信息，合理安排了接口的电气信号和机械要求，在世界范围内得到了广泛的应用。

（一）电气特性

RS-232C 对电器特性、逻辑电平和各种信号功能都做了规定，其规定如下。

在 TXD 和 RXD 数据线上：

（1）逻辑 1 为-3 ~ -15V 的电压。

（2）逻辑 0 为 3 ~ 15V 的电压。

在 RTS、CTS、DSR、DTR 和 DCD 等控制线上：

（1）信号有效（ON 状态）为 3 ~ 15V 的电压。

（2）信号无效（OFF 状态）为-3 ~ -15V 的电压。

由此可见，RS-232C 是用正负电压来表示逻辑状态，与晶体管-晶体管逻辑集成电路（TTL）以高低电平表示逻辑状态的规定正好相反。

（二）信号线分配

RS-232C 标准接口有 25 条线，其中，4 条数据线、11 条控制线、3 条定时线以及 7 条备用和未定义线。那么，这些信号线在 9 针串口和 25 针串口的管脚上是如何分配的呢？9 针串口和 25 针串口信号线分配如图 6-9 所示。

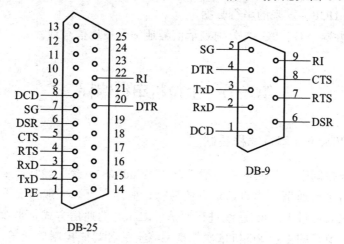

图 6-9　9 针串口和 25 针串口信号线分配示意图

下面对这些信号线做个简单的介绍。

（1）数据装置准备好（DSR），有效状态（ON）表示数据通信设备处于可以使用状态。

（2）数据终端准备好（DTR），有效状态（ON）表示数据终端设备处于可以使用状态。

这两个设备状态信号有效，只表示设备本身可用，并不说明通信链路可以开始进行通信了，能否开始进行通信要由下面的一些控制信号决定。

（3）请求发送（RTS），用来表示数据终端设备（DTE）请求数据通信设备（DCE）发送数据。

（4）允许发送（CTS），用来表示数据通信设备（DCE）已经准备好了数据，可以向数据终端设备（DTE）发送数据，是对请求发送信号 RTS 的响应。

请求发送（RTS）和允许发送（CTS）用于半双工的通信系统中，在全双工的系统中，不需要使用请求发送（RTS）和允许发送（CTS）信号，直接将其置为 ON 即可。

（5）数据载波检出（DCD），用于表示数据通信设备（DCE）已接通通信链路，告知数据终端设备（DTE）准备接收数据。

（6）振铃指示（RI），当数据通信设备收到交换台送来的振铃呼叫信号时，使该信号有效（ON），通知终端，已被呼叫。

（7）发送数据（TXD），数据终端设备（DTE）通过该信号线将串行数据发送到数据通信设备（DCE）。

（8）接收信号（RXD），数据终端设备（DTE）通过该信号线接收从数据通信设备（DCE）发来的串行数据。

（9）地线（SG、PG），分别表示信号地和保护地信号线。

第三节　上位机串行编程

一、Windows 串行编程基础

在工业控制中，工控机（一般都基于 Windows 平台）经常需要与智能仪表通过串口进行通信。串口通信方便易行，应用广泛。一般情况下，工控机和各智能仪表通过 RS485 总线进行通信。RS485 的通信方式是半双工的，只能由作为主节点的工控 PC 机依次轮询网络上的各智能控制单元子节点。每次通信都是由 PC 机通过串口向智能控制单元发布命令，智能控制单元在接收到正确的命令后作出应答。

在 Win32 系统下，可以使用两种编程方式实现串口通信，其一是使用 Active X 控件，这种方法程序简单，但欠灵活。其二是调用 Windows 的 API 函数，这种方法可以清楚地掌握串口通信的机制，并且自由灵活。本书只介绍 API 串口通信部分。

串口的操作可以有两种操作方式：同步操作方式和重叠操作方式（又称为异步操作方式）。同步操作时，API 函数会阻塞直到操作完成以后才能返回（在多线程方式中，虽然不会阻塞主线程，但是仍然会阻塞监听线程）；而重叠操作方式，API 函数会立即返回，操作在后台进行，避免线程的阻塞。

无论那种操作方式，一般都通过四个步骤来完成。

（1）打开串口。

（2）配置串口。

（3）读写串口。

（4）关闭串口。

二、串口编程步骤

（一）打开串口

Win32 系统把文件的概念进行了扩展。无论是文件、通信设备、命名管道、邮件槽、磁盘、还是控制台，都是用 API 函数 CreateFile 来打开或创建的。该函数的原型为：

HANDLE CreateFile（LPCTSTR lpFileName，DWORD dwDesiredAccess，DWORD dwShareMode，LPSECURITY_ATTRIBUTES lpSecurityAttributes，DWORD dwCreationDistribution，DWORD dwFlagsAndAttributes，HANDLE hTemplateFile）；

lpFileName：将要打开的串口逻辑名，如"COM1"；

dwDesiredAccess：指定串口访问的类型，可以是读取、写入或二者并列；

dwShareMode：指定共享属性，由于串口不能共享，该参数必须置为 0；

lpSecurityAttributes：引用安全性属性结构，缺省值为 NULL；

dwCreationDistribution：创建标志，对串口操作该参数必须置为 OPEN_EXISTING；

dwFlagsAndAttributes：属性描述，用于指定该串口是否进行异步操作，该值为 FILE_FLAG_OVERLAPPED，表示使用异步的 I/O；该值为 0，表示同步 I/O 操作；

hTemplateFile：对串口而言该参数必须置为 NULL。

同步 I/O 方式打开串口的示例代码：

```
HANDLE hCom;  //全局变量，串口句柄
hCom=CreateFile("COM1", //COM1 口
 GENERIC_READ|GENERIC_WRITE, //允许读和写
 0, //独占方式
 NULL,
 OPEN_EXISTING,  //打开而不是创建
 0,  //同步方式
 NULL);
if(hCom==(HANDLE)-1)
{
    AfxMessageBox("打开 COM 失败!");
    return FALSE;
}
return TRUE;
```

重叠 I/O 打开串口的示例代码：

```
HANDLE hCom;  //全局变量，串口句柄
hCom =CreateFile("COM1",  //COM1 口
 GENERIC_READ|GENERIC_WRITE,  //允许读和写
 0,  //独占方式
 NULL,
 OPEN_EXISTING,  //打开而不是创建
 FILE_ATTRIBUTE_NORMAL|FILE_FLAG_OVERLAPPED,  //重叠方式
 NULL);
if(hCom ==INVALID_HANDLE_VALUE)
{
    AfxMessageBox("打开 COM 失败!");
    return FALSE;
}
return TRUE;
```

（二）配置串口

在打开通讯设备句柄后，常常需要对串口进行一些初始化配置工作。这需要通过一个 DCB 结构来进行。DCB 结构包含了诸如波特率、数据位数、奇偶校验和停止位数等信息。在查询或配置串口的属性时，都要用 DCB 结构来作为缓冲区。

一般用 CreateFile 打开串口后，可以调用 GetCommState 函数来获取串口的初始配置。要修改串口的配置，应该先修改 DCB 结构，然后再调用 SetCommState 函数设置串口。

DCB 结构包含了串口的各项参数设置，下面仅介绍几个该结构常用的变量：

（1）typedef struct _DCB{ ……… //波特率，指定通信设备的传输速率。这个成员可以是实际波特率值或者下面的常量值之一：DWORD BaudRate；CBR_110，CBR_300，CBR_600，CBR_1200，CBR_2400，CBR_4800，CBR_9600，CBR_19200， CBR_38400， CBR_56000， CBR_57600， CBR_115200，CBR_128000，CBR_256000，CBR_14400 DWORD fParity；//指定奇偶校验使能。若此成员为 1，允许奇偶校验检查。

（2）BYTE ByteSize； // 通信字节位数，4—8 BYTE Parity； //指定奇偶校验方法。此成员可以有下列值： EVENPARITY 偶校验 NOPARITY 无校验 MARKPARITY 标记校验 ODDPARITY 奇校验 BYTE StopBits； //指定停止位的位数。此成员可以有下列值： ONESTOPBIT 1 位停止位 TWOSTOPBITS 2 位停止位

ON 5STOPBITS　　 1.5 位停止位

GetCommState 函数可以获得 COM 口的设备控制块，从而获得相关参数：
BOOL GetCommState(HANDLE hFile,　　 //标识通讯端口的句柄
LPDCB lpDCB　　 //指向一个设备控制块(DCB 结构)的指针
 );
SetCommState 函数设置 COM 口的设备控制块：
BOOL SetCommState(HANDLE hFile,　 LPDCB lpDCB);
除了在 BCD 中的设置外,程序一般还需要设置 I/O 缓冲区的大小和超时。Windows 用 I/O 缓冲区来暂存串口输入和输出的数据。如果通信的速率较高,则应该设置较大的缓冲区。调用 SetupComm 函数可以设置串行口的输入和输出缓冲区的大小。

BOOL SetupComm(HANDLE hFile,   // 通信设备的句柄
DWORD dwInQueue,   // 输入缓冲区的大小(字节数)
DWORD dwOutQueue // 输出缓冲区的大小(字节数)
);

　　在用 ReadFile 和 WriteFile 读写串行口时，需要考虑超时问题。超时的作用是在指定的时间内没有读入或发送指定数量的字符，ReadFile 或 WriteFile 的操作仍然会结束。要查询当前的超时设置应调用 GetCommTimeouts 函数，该函数会填充一个 COMMTIMEOUTS 结构。调用 SetCommTimeouts 可以用某一个 COMMTIMEOUTS 结构的内容来设置超时。读写串口的超时有两种：间隔超时和总超时。间隔超时是指在接收时两个字符之间的最大时延。总超时是指读写操作总共花费的最大时间。写操作只支持总超时，而读操作两种超时均支持。用 COMMTIMEOUTS 结构可以规定读写操作的超时。COMMTIMEOUTS 结构的定义为：

typedef struct _COMMTIMEOUTS {
DWORD ReadIntervalTimeout; //读间隔超时
DWORD ReadTotalTimeoutMultiplier; //读时间系数
DWORD ReadTotalTimeoutConstant; //读时间常量
DWORD WriteTotalTimeoutMultiplier; //写时间系数
DWORD WriteTotalTimeoutConstant; //写时间常量
} COMMTIMEOUTS，*LPCOMMTIMEOUTS；
COMMTIMEOUTS 结构的成员都以毫秒为单位。总超时的计算公式是：
总超时=时间系数×要求读/写的字符数 + 时间常量
例如，要读入 10 个字符，那么读操作的总超时的计算公式为：
读 总 超 时 =ReadTotalTimeoutMultiplier×10 + ReadTotalTimeoutConstant
(6-1)

　　从上述公式可以看出，间隔超时和总超时的设置是不相关的，这可以方便通信程序灵活地设置各种超时。

　　如果所有写超时参数均为 0，那么就不使用写超时。如果 ReadInterval Timeout 为 0，那么就不使用读间隔超时。如果 ReadTotalTimeoutMultiplier 和 ReadTotalTimeoutConstant 都为 0，则不使用读总超时。如果读间隔超时被设置成 MAXDWORD 并且读时间系数和读时间常量都为 0，那么在读一次输入缓冲区的内容后读操作就立即返回，而不管是否读入了要求的字符。

　　在用重叠方式读写串口时，虽然 ReadFile 和 WriteFile 在完成操作以前就

可能返回，但超时仍然是起作用的。在这种情况下，超时规定的是操作的完成时间，而不是 ReadFile 和 WriteFile 的返回时间。

配置串口的示例代码：

SetupComm(hCom，1024，1024)；//输入缓冲区和输出缓冲区的大小都是 1024

COMMTIMEOUTS TimeOuts；//设定读超时

TimeOuts.ReadIntervalTimeout=1000；

TimeOuts.ReadTotalTimeoutMultiplier=500；

TimeOuts.ReadTotalTimeoutConstant=5000；//设定写超时 TimeOuts. WriteTotalTimeoutMultiplier=500；

TimeOuts.WriteTotalTimeoutConstant=2000；

SetCommTimeouts(hCom，&TimeOuts)；//设置超时

DCB dcb；

GetCommState(hCom，&dcb)；

dcb.BaudRate=9600；//波特率为 9600

dcb.ByteSize=8；//每个字节有 8 位

dcb.Parity=NOPARITY；//无奇偶校验位

dcb.StopBits=TWOSTOPBITS；//两个停止位

SetCommState(hCom，&dcb)；

PurgeComm(hCom，PURGE_TXCLEAR|PURGE_RXCLEAR)；

在读写串口之前，还要用 PurgeComm() 函数清空缓冲区，该函数原型：

BOOL PurgeComm(HANDLE hFile，//串口句柄

DWORD dwFlags // 需要完成的操作

)；

参数 dwFlags 指定要完成的操作，可以是下列值的组合：

PURGE_TXABORT 中断所有写操作并立即返回，即使写操作还没有完成。

PURGE_RXABORT 中断所有读操作并立即返回，即使读操作还没有完成。

PURGE_TXCLEAR 清除输出缓冲区

PURGE_RXCLEAR 清除输入缓冲区

（三）读写串口

我们使用 ReadFile 和 WriteFile 读写串口，下面是两个函数的声明：

BOOL ReadFile(HANDLE hFile, //串口的句柄
// 读入的数据存储的地址,
// 即读入的数据将存储在以该指针的值为首地址的一片内存区
LPVOID lpBuffer,
// 要读入的数据的字节数
DWORD nNumberOfBytesToRead,
// 指向一个 DWORD 数值,该数值返回读操作实际读入的字节数
LPDWORD lpNumberOfBytesRead,
// 重叠操作时,该参数指向一个 OVERLAPPED 结构,同步操作时,该
参数为 NULL。
LPOVERLAPPED lpOverlapped
 );

BOOL WriteFile(HANDLE hFile, //串口的句柄
// 写入的数据存储的地址,
// 即以该指针的值为首地址的 nNumberOfBytesToWrite
// 个字节的数据将要写入串口的发送数据缓冲区。
LPCVOID lpBuffer,
//要写入的数据的字节数
DWORD nNumberOfBytcsToWritc,
// 指向指向一个 DWORD 数值,该数值返回实际写入的字节数
LPDWORD lpNumberOfBytesWritten,
// 重叠操作时,该参数指向一个 OVERLAPPED 结构,
// 同步操作时,该参数为 NULL。
LPOVERLAPPED lpOverlapped);

在用 ReadFile 和 WriteFile 读写串口时,既可以同步执行,也可以重叠执行。在同步执行时,函数直到操作完成后才返回。这意味着同步执行时线程会被阻塞,从而导致效率下降。在重叠执行时,即使操作还未完成,这两个函数也会立即返回,I/O 操作在后台进行。

ReadFile 和 WriteFile 函数是同步还是异步由 CreateFile 函数决定,如果在调用 CreateFile 创建句柄时指定了 FILE_FLAG_OVERLAPPED 标志,那么调用 ReadFile 和 WriteFile 对该句柄进行的操作就应该是重叠的;如果未指定

重叠标志，则读写操作应该是同步的。ReadFile 和 WriteFile 函数的同步或者异步应该和 CreateFile 函数相一致。

ReadFile 函数只要在串口输入缓冲区中读入指定数量的字符，就算完成操作。而 WriteFile 函数不但要把指定数量的字符拷入到输出缓冲区，而且要等这些字符从串行口送出去后才算完成操作。

如果操作成功，这两个函数都返回 TRUE。需要注意的是，当 ReadFile 和 WriteFile 返回 FALSE 时，不一定就是操作失败，线程应该调用 GetLastError 函数分析返回的结果。例如，在重叠操作时如果操作还未完成函数就返回，那么函数就返回 FALSE，而且 GetLastError 函数返回 ERROR_IO_PENDING。这说明重叠操作还未完成。

同步方式读写串口比较简单，下面先例举同步方式读写串口的代码。

```
//同步读串口
char str[100];
DWORD wCount; //读取的字节数
BOOL bReadStat;
bReadStat=ReadFile(hCom, str, 100, &wCount, NULL);
if(!bReadStat)
{
AfxMessageBox("读串口失败!");
return FALSE;
}
return TRUE;
```

```
//同步写串口
char lpOutBuffer[100];
DWORD dwBytesWrite=100;
COMSTAT ComStat;
DWORD dwErrorFlags;
BOOL bWriteStat;
ClearCommError(hCom, &dwErrorFlags, &ComStat); bWriteStat= WriteFile
(hCom, lpOutBuffer, dwBytesWrite, & dwBytesWrite, NULL);
```

```
if(!bWriteStat)
{
AfxMessageBox("写串口失败!");
}
PurgeComm(hCom, PURGE_TXABORT| PURGE_RXABORT| PURGE_
TXCLEAR|PURGE_RXCLEAR);
```

在重叠操作时，操作还未完成函数就返回。

重叠 I/O 非常灵活，它也可以实现阻塞(例如我们可以设置一定要读取到一个数据才能进行到下一步操作)。有两种方法可以等待操作完成：一种方法是用象 WaitForSingleObject 这样的等待函数来等待 OVERLAPPED 结构的 hEvent 成员；另一种方法是调用 GetOverlappedResult 函数等待。

下面我们先简单说一下 OVERLAPPED 结构和 GetOverlappedResult 函数：

1. OVERLAPPED 结构

OVERLAPPED 结构包含了重叠 I/O 的一些信息，定义如下：

```
typedef struct _OVERLAPPED { // o
DWORD Internal;
DWORD InternalHigh;
DWORD Offset;
DWORD OffsetHigh;
HANDLE hEvent;
} OVERLAPPED;
```

在使用 ReadFile 和 WriteFile 重叠操作时，线程需要创建 OVERLAPPED 结构以供这两个函数使用。线程通过 OVERLAPPED 结构获得当前的操作状态，该结构最重要的成员是 hEvent。hEvent 是读写事件。当串口使用异步通讯时，函数返回时操作可能还没有完成，程序可以通过检查该事件得知是否读写完毕。

当调用 ReadFile, WriteFile 函数的时候，该成员会自动被置为无信号状态；当重叠操作完成后，该成员变量会自动被置为有信号状态。

2. GetOverlappedResult 函数

```
BOOL GetOverlappedResult(
HANDLE hFile, // 串口的句柄
```

// 指向重叠操作开始时指定的 OVERLAPPED 结构

LPOVERLAPPED lpOverlapped,

// 指向一个 32 位变量，该变量的值返回实际读写操作传输的字节数。

LPDWORD lpNumberOfBytesTransferred,

// 该参数用于指定函数是否一直等到重叠操作结束。

// 如果该参数为 TRUE，函数直到操作结束才返回。

// 如果该参数为 FALSE，函数直接返回，这时如果操作没有完成，

// 通过调用 GetLastError()函数会返回 ERROR_IO_INCOMPLETE。

BOOL bWait

);

用该函数返回重叠操作的结果，来判断异步操作是否完成，它是通过判断 OVERLAPPED 结构中的 hEvent 是否被置位来实现的。

异步读串口的示例代码：

```
char lpInBuffer[1024];
DWORD dwBytesRead=1024;
COMSTAT ComStat;
DWORD dwErrorFlags;
OVERLAPPED m_osRead;
memset(&m_osRead, 0, sizeof(OVERLAPPED)); m_osRead.hEvent=
CreateEvent(NULL, TRUE, FALSE, NULL); ClearCommError(hCom,
&dwErrorFlags, &ComStat); dwBytesRead=min(dwBytesRead, (DWORD)
ComStat.cbInQue);
    if(!dwBytesRead)
    return FALSE;

BOOL bReadStatus;
bReadStatus=ReadFile(hCom, lpInBuffer, dwBytesRead, &dwBytesRead,
&m_osRead); if(!bReadStatus) //如果 ReadFile 函数返回 FALSE
    {
    if(GetLastError()==ERROR_IO_PENDING) //GetLastError() 函 数 返 回
ERROR_IO_PENDING，表明串口正在进行读操作
```

```
{
    //使用 WaitForSingleObject 函数等待，直到读操作完成或延时已达到 2
秒钟
    //当串口读操作进行完毕后，m_osRead 的 hEvent 事件会变为有信号
    WaitForSingleObject(m_osRead.hEvent，2000);
    PurgeComm(hCom,
    PURGE_TXABORT|
PURGE_RXABORT|PURGE_TXCLEAR|PURGE_RXCLEAR
    );
    return dwBytesRead;
    }
    return 0;
    }
    PurgeComm(hCom,
     PURGE_TXABORT|
PURGE_RXABORT|PURGE_TXCLEAR|PURGE_RXCLEAR
    );
    return dwBytesRead;
```

以上的代码中，在使用 ReadFile 函数进行读操作前，应先使用
ClearCommError 函数清除错误。ClearCommError 函数的原型如下：

```
BOOL ClearCommError( HANDLE hFile，//串口句柄
LPDWORD lpErrors，//指向接收错误码的变量
LPCOMSTAT lpStat //指向通讯状态缓冲区
);
```

该函数获得通信错误并报告串口的当前状态，同时，该函数清除串口的
错误标志以便继续输入、输出操作。

参数 lpStat 指向一个 COMSTAT 结构，该结构返回串口状态信息。

COMSTAT 结构包含串口的信息，结构定义如下：

```
typedef struct _COMSTAT { // cst
DWORD fCtsHold：1；// Tx waiting for CTSsignal
DWORD fDsrHold：1；// Tx waiting for DSRsignal
DWORD fRlsdHold：1；// Tx waiting for RLSD signal
DWORD   fXoffHold：1；// Tx waiting，  XOFF char rec"d
```

```
DWORD    fXoffSent：1；// Tx waiting，  XOFF char sent
DWORD    fEof：1；// EOFcharacter sent
DWORD    fTxim：1；// character waiting for Tx
DWORD    fReserved：25；  // reserved
DWORD    cbInQue；// bytes in input buffer
DWORD    cbOutQue；// bytes in output buffer
} COMSTAT，  *LPCOMSTAT；
```

本书只用到了 cbInQue 成员变量，该成员变量的值代表输入缓冲区的字节数。

最后用 PurgeComm 函数清空串口的输入输出缓冲区。

上文中的代码用 WaitForSingleObject 函数来等待 OVERLAPPED 结构的 hEvent 成员，下面是一段调用 GetOverlappedResult 函数等待的异步读串口示例代码。

```
char lpInBuffer[1024];
DWORD dwBytesRead=1024;
BOOL bReadStatus;
DWORD dwErrorFlags;
COMSTAT ComStat;
OVERLAPPED m_osRead;
ClearCommError(hCom，&dwErrorFlags，&ComStat);
if(!ComStat.cbInQue)
return 0;
dwBytesRead=min(dwBytesRead，(DWORD)ComStat.cbInQue);
bReadStatus=ReadFile(hCom，lpInBuffer，dwBytesRead，&dwBytesRead，
&m_osRead);  if(!bReadStatus) //如果 ReadFile 函数返回 FALSE
  {
  if(GetLastError()==ERROR_IO_PENDING)
  {
GetOverlappedResult(hCom，  &m_osRead，&dwBytesRead，TRUE); //
GetOverlappedResult 函数的最后一个参数设为 TRUE，  //函数会一直等待，
直到读操作完成或由于错误而返回。
  return dwBytesRead;
  }
  return 0;
```

```
}
return dwBytesRead;
```

异步写串口的示例代码:

```
char buffer[1024];
DWORD dwBytesWritten=1024;
DWORD dwErrorFlags;
COMSTAT ComStat;
OVERLAPPED m_osWrite;
BOOL bWriteStat;
bWriteStat=WriteFile(hCom, buffer, dwBytesWritten, &dwBytesWritten,
&m_OsWrite); if(!bWriteStat)
  {
  if(GetLastError()==ERROR_IO_PENDING)
{
WaitForSingleObject(m_osWrite.hEvent, 1000);
 return dwBytesWritten;
}
return 0;
}
 return dwBytesWritten;
```

(四)关闭串口

利用 API 函数关闭串口非常简单,只需使用 CreateFile 函数返回的句柄作为参数调用 CloseHandle 即可:

```
BOOL CloseHandle(
             HANDLE hObject;    //handle to object to close
);
```

三、温度采集网关上位机程序编写

在实际工程项目中,有时往往会使用到一些成熟的开源的串口操作代码,以减少自己的编程工作量,下面就跟我来一起编写上位机串口应用程序。

本温度采集网关的功能是,上位机程序从 ISIS 仿真软件串口读取 DS18B20 温度数据,实时显示在界面上。在本地上位机程序上,还可以直接控制灯亮、灭、闪烁等，模拟本地串口控制。同时通过 UDP 协议，送往服务器端，由服务器存入数据库等其他操作。同时如果远端服务器程序发送 UDP 控制命令，也可以在远端操作灯亮、灭、闪烁，模拟了远程控制的过程。所以，本上位机程序实际上具备了数据采集网关的功能，因此命名为温度采集网关。

（一）界面编程

新建一个 VS2010 的基于 MFC 的对话框程序，命名工程为 DEMO，然后利用工具箱，在对话框中拖放控件，实现界面如图 6-10 所示。

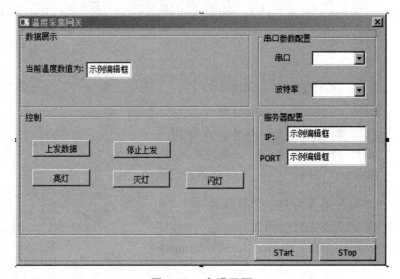

图 6-10　实现界面

控件命名分别如表 6-2 所示。

表 6-2　控制命令

序号	控件 ID	控件名称	备注
1	IDC_BTN_START	START 按钮	
2	IDC_BTN_STOP	STOP 按钮	
3	IDC_CMB_COMM	串口选择框	
4	IDC_CMB_BAUD	波特率选择	
5	IDC_IP	远端服务器 IP	上传服务器时使用
6	IDC_PORT	远端服务器端口	

序号	控件 ID	控件名称	备注
7	IDC_BTN_UPDATA	串口上传数据按钮	用于控制串口数据
8	IDC_BTN_STOPUPDATA	停止上传按钮	是否上传到上位机
9	IDC_BTN_LAMP_ON	开灯控制按钮	
10	IDC_BTN_LAMP_OFF	关灯控制按钮	仿真远程控制
11	IDC_BTN_LAMP_FLASH	闪烁控制按钮	
12	IDC_EDIT_FVALUE	温度数值编辑框	
13	IDC_STTIME	时间静态框	

（二）代码编写

1. 定义控件成员变量：

```
int m_nSelBaud; //波特率
int m_nCommSel; //串口编号
CString m_strServerIP; //服务器 IP
int m_nServerPort;      //服务器端口
float m_fValue;         //传感器温度数值
```

2. 映射控件消息函数，并填写代码

（1）START 按钮对应函数。

```
void CDemoDlg∷OnBnClickedBtnStart()
{
    int nBaud=0;
    m_nCommSel=0;
    m_strServerIP="172.28.20.58";
    UpdateData();
    switch (m_nSelBaud)
    {

    case 0：nBaud = 2400；break；
    case 1：nBaud = 4800；break；
    case 2：nBaud = 9600；break；
    default：nBaud = 4800；break；
    }
```

```
            if(m_com.open(m_nCommSel+1，nBaud))//打开串口
        {
    //创建接收数据线程
            if(m_hRcv == INVALID_HANDLE_VALUE)
                m_hRcv = CreateThread(NULL，0，(LPTHREAD_START_
ROUTINE)rcv_thrd，
    this，0，&m_dwId);
    //创建发送数据线程
            if(m_hWrite == INVALID_HANDLE_VALUE)
                m_hWrite = CreateThread(NULL，0，(LPTHREAD_START_
ROUTINE)write_thrd，
    this，0，&m_dwIdWrite);
            ASSERT(m_hRcv != INVALID_HANDLE_VALUE);
            ASSERT(m_hWrite != INVALID_HANDLE_VALUE);
        }


    //以下是为了以 UDP 方式上传到远端服务器，
        addr.sin_addr.S_un.S_addr    =    inet_addr(m_strServerIP.GetBuffer(m_
strServerIP.GetLength()));
        addr.sin_family = AF_INET;
        addr.sin_port = htons(m_nServerPort);


        //启动定时器，自动刷新界面上的时间与温度数据及自动上传到远端
服务器
    SetTimer(1，1000，NULL);
        //初始默认串口数据上传
    OnBnClickedBtnUpdata();
        //初始默认仿真时灯处于打开状态
    OnBnClickedBtnLampOn();
        updatatoremote = TRUE;
    //改变相关控件状态
    GetDlgItem(IDC_BTN_START)->EnableWindow(FALSE);
    GetDlgItem(IDC_BTN_STOP)->EnableWindow(TRUE);
```

```
        GetDlgItem(IDC_BTN_UPDATA)->EnableWindow(FALSE);
        GetDlgItem(IDC_BTN_STOPUPDATA)->EnableWindow(TRUE);
        GetDlgItem(IDC_BTN_LAMP_ON)->EnableWindow(FALSE);
        GetDlgItem(IDC_BTN_LAMP_OFF)->EnableWindow(TRUE);
        GetDlgItem(IDC_BTN_LAMP_FLASH)->EnableWindow(TRUE);

}
```

（2）接收线程。

```
DWORD CDemoDlg∷rcv_thrd(LPVOID lp)
{
        CDemoDlg* pView = (CDemoDlg*)lp;
        unsigned char szBuf[100];

        BOOL    bSigned = FALSE;
        //float fval=0.0;
        int nRead = 0;
        while (1)
        {
            memset(szBuf, 0, 100);

            if(pView->m_com.read((char*)szBuf, 1)>0)
            {
                if(szBuf[0]==0x55)//标记
                {
LOOP:               int n = pView->m_com.read((char*)szBuf+nRead+1, 6);
                    nRead+=n;
                    if(nRead<6)
                        goto LOOP;

                    //处理收到的数据
                    //判断是否为负数
                    if(szBuf[1]==0xFF)//表示为负数
                        bSigned = TRUE;
                    else
```

```
                    bSigned = FALSE;

                //温度数值
                pView->fval=
1.0*(szBuf[2]*100+szBuf[3]*10+szBuf[4]);
                if(bSigned)
                    pView->fval = pView->fval*(-1);
                if(abs((long)pView->fval)>128)
                    continue;

                double y=(double)pView->fval;
                nRead = 0;

            }
            else
                continue;
        }

    }
    return 0;
}
```

（3）写线程。

写线程的主要作用为从服务器端接收到 UDP 数据包，解析成为控制命令后，下发给仿真程序，控制相关操作，用来模拟远程控制。

```
DWORD CDemoDlg∷write_thrd(LPVOID lp)
{
    CDemoDlg* pView = (CDemoDlg*)lp;
    char szBuf[100];
    int nRcved = 0;
    while(1)
    {
        //接收服务器发送来的 UDP 指令，解析并发送到终端，协议：
AA 55 CMD
        //
```

```cpp
                sockaddr_in saServer = {0};
                int nFromLen = sizeof(saServer);

                int nRecv = recvfrom(pView->g_sock, szBuf, 256, 0, (sockaddr
*)&saServer, &nFromLen);

                    if (SOCKET_ERROR ==   nRecv)
                    {
                        pView->ErrMsg(WSAGetLastError());
                        continue;
                    }

                if(((unsigned char)szBuf[0]==0xAA) && ((unsigned char)szBuf[1]
==0x55))
                {
                    switch ((unsigned char)szBuf[2])
                    {
                    case 0xA5:    //A5 指令，表示自动采集上传
                        pView->updatatoremote   = TRUE;
                        pView->OnBnClickedBtnUpdata();
                        break;
                    case 0xA6:    //A6 指令，表示停止自动采集上传
                        pView->updatatoremote   = FALSE;
                        pView->OnBnClickedBtnStopupdata();
                        break;
                    case 0xA0:    //A0 指令，表示控制灯闪烁
                        pView->OnBnClickedBtnLampFlash();
                        break;
                    case 0xA1:    //A1 指令，表示控制灯打开
                        pView->OnBnClickedBtnLampOn();
                        break;
                    case 0xA2:    //A2 指令，表示控制灯关闭
                        pView->OnBnClickedBtnLampOff();
                        break;
```

```
                }
            }
        }
    }
```

（4）停止函数。

停止函数的主要功能是停止数据采集，停止数据上发。

```
void CDemoDlg∷OnBnClickedBtnStop()
{
    unsigned char szBuf[2]={0xA0};
    m_com.write((char*)szBuf, 1);
    GetDlgItem(IDC_BTN_START)->EnableWindow(TRUE);
    GetDlgItem(IDC_BTN_STOP)->EnableWindow(FALSE);
    GetDlgItem(IDC_BTN_UPDATA)->EnableWindow(FALSE);
    GetDlgItem(IDC_BTN_STOPUPDATA)->EnableWindow(FALSE);
    GetDlgItem(IDC_BTN_LAMP_ON)->EnableWindow(FALSE);
    GetDlgItem(IDC_BTN_LAMP_OFF)->EnableWindow(FALSE);
    GetDlgItem(IDC_BTN_LAMP_FLASH)->EnableWindow(FALSE);

    if(m_hRcv != INVALID_HANDLE_VALUE)
    {
        TerminateThread(m_hRcv, 0);
        m_hRcv = INVALID_HANDLE_VALUE;
    }
    if(m_hWrite != INVALID_HANDLE_VALUE)
    {
        TerminateThread(m_hWrite, 0);
        m_hRcv = INVALID_HANDLE_VALUE;
    }
    KillTimer(1);
    updatatoremote = FALSE;
}
```

（5）控制函数-数据采集上传。

```
void CDemoDlg∷OnBnClickedBtnUpdata()
{
```

```
        unsigned char szBuf[2]={0xA5};
        m_com.write((char*)szBuf, 1);
        GetDlgItem(IDC_BTN_UPDATA)->EnableWindow(FALSE);
        GetDlgItem(IDC_BTN_STOPUPDATA)->EnableWindow(TRUE);
}
```

（6）控制函数-停止数据采集上传。

```
void CDemoDlg:: OnBnClickedBtnStopupdata()
{
        unsigned char szBuf[2]={0xA6};
        m_com.write((char*)szBuf, 1);
        GetDlgItem(IDC_BTN_UPDATA)->EnableWindow(TRUE);
        GetDlgItem(IDC_BTN_STOPUPDATA)->EnableWindow(FALSE);
}
```

（7）控制函数-控制灯亮。

```
void CDemoDlg:: OnBnClickedBtnLampOn()
{
        unsigned char szBuf[2]={0xA1};
        m_com.write((char*)szBuf, 1);
        GetDlgItem(IDC_BTN_LAMP_ON)->EnableWindow(FALSE);
        GetDlgItem(IDC_BTN_LAMP_OFF)->EnableWindow(TRUE);
        GetDlgItem(IDC_BTN_LAMP_FLASH)->EnableWindow(TRUE);
}
```

（8）控制函数-控制灯灭。

```
void CDemoDlg:: OnBnClickedBtnLampOff()
{
        unsigned char szBuf[2]={0xA2};
        m_com.write((char*)szBuf, 1);
        GetDlgItem(IDC_BTN_LAMP_ON)->EnableWindow(TRUE);
        GetDlgItem(IDC_BTN_LAMP_OFF)->EnableWindow(FALSE);
        GetDlgItem(IDC_BTN_LAMP_FLASH)->EnableWindow(TRUE);
}
```

（9）控制函数-控制灯闪烁。

```
void CDemoDlg：：OnBnClickedBtnLampFlash()
{
    unsigned char szBuf[2]={0xA0}；
    m_com.write((char*)szBuf，1)；
    GetDlgItem(IDC_BTN_LAMP_ON)->EnableWindow(TRUE)；
    GetDlgItem(IDC_BTN_LAMP_OFF)->EnableWindow(TRUE)；
    GetDlgItem(IDC_BTN_LAMP_FLASH)->EnableWindow(FALSE)；
}
```

要注意的是，本程序使用的串口操作采用的是开源版本，对串口操作进行了对象封装，并对其进行了优化，大家在使用的时候，直接包含 COM_H.h 头文件，然后以对象的形式访问即可。源码如下：

```
/*
串口基础类库(WIN32) ver 0.1

    编译器：BC++ 5；C++ BUILDER 4，5，6，X；VC++ 5，6；
VC.NET；  GCC；

    class   _base_com：  虚基类 基本串口接口；
    class   _sync_com：  同步 I/O 串口类；
    class   _asyn_com：  异步 I/O 串口类；
    class _thread_com：异步 I/O 辅助读监视线程 可转发窗口消息 串口类
(可继承虚函数 on_receive 用于读操作)；
    class        _com：  _thread_com 同名

copyright(c) 2004.8 llbird wushaojian@21cn.com
*/
/*
Example ：
*/
```

```cpp
#ifndef _COM_H_
#define _COM_H_

#pragma warning(disable：4530)
#pragma warning(disable：4786)
#pragma warning(disable：4800)

#include <cassert>
#include <strstream>
#include <algorithm>
#include <exception>
#include <iomanip>
using namespace std;
#include <windows.h>

class _base_com     //虚基类 基本串口接口
{
protected：

 volatile int _port;     //串口号
 volatile HANDLE _com_handle; //串口句柄
 char _com_str[20];
 DCB _dcb;          //波特率，停止位，等
 COMMTIMEOUTS _co;     // 超时时间
 virtual bool open_port() = 0;

     void init() //初始化
     {
            memset(_com_str,   0,   20);
            memset(&_co,   0,   sizeof(_co));
            memset(&_dcb,   0,   sizeof(_dcb));
            _dcb.DCBlength = sizeof(_dcb);
            _com_handle = INVALID_HANDLE_VALUE;

     }
```

```cpp
        virtual bool setup_port()
        {
                if(!is_open())
                  return false;

                if(!SetupComm(_com_handle, 8192, 8192))
                  return false; //设置推荐缓冲区

                if(!GetCommTimeouts(_com_handle, &_co))
                  return false;
                _co.ReadIntervalTimeout = 0xFFFFFFFF;
                _co.ReadTotalTimeoutMultiplier = 0;
                _co.ReadTotalTimeoutConstant = 0;
                _co.WriteTotalTimeoutMultiplier = 0;
                _co.WriteTotalTimeoutConstant = 2000;
                if(!SetCommTimeouts(_com_handle, &_co))
                  return false; //设置超时时间

                if(!PurgeComm(_com_handle, PURGE_TXABORT | PURGE_
RXABORT | PURGE_TXCLEAR | PURGE_RXCLEAR ))
                        return false; //清空串口缓冲区

                return true;
        }
        inline void set_com_port(int port)
        {
                char p[12];
                _port = port;
                strcpy_s(_com_str, "\\\\.\\COM");
                _ltoa_s(_port, p, 10);
                strcat_s(_com_str, p);
        }
    public:
      _base_com()
```

```cpp
    {
     init();
    }
    virtual  ~ _base_com()
    {
     close();
    }
//设置串口参数：波特率，停止位，等 支持设置字符串 "9600, 8, n, 1"
    bool set_state(char *set_str)
    {
     if(is_open())
     {
      if(!GetCommState(_com_handle,  &_dcb))
       return false;
      if(!BuildCommDCB(set_str,  &_dcb))
       return false;
      return SetCommState(_com_handle,  &_dcb) == TRUE;
     }
     return false;
    }
//设置内置结构串口参数：波特率，停止位
    bool set_state(int BaudRate,  int ByteSize = 8,  int Parity = NOPARITY,
int StopBits = ONESTOPBIT)
    {
     if(is_open())
     {
      if(!GetCommState(_com_handle,  &_dcb))
       return false;
      _dcb.BaudRate = BaudRate;
       _dcb.ByteSize = ByteSize;
        _dcb.Parity   = Parity;
      _dcb.StopBits = StopBits;
      return SetCommState(_com_handle,  &_dcb) == TRUE;
     }
```

```cpp
    return false;
}
//打开串口 缺省 9600, 8, n, 1
inline bool open(int port)
{
  return open(port,   9600);
}
//打开串口 缺省 baud_rate, 8, n, 1
inline bool open(int port,   int baud_rate)
{
  if(port < 1 || port > 1024)
    return false;

  set_com_port(port);

  if(!open_port())
    return false;

  if(!setup_port())
    return false;

  return set_state(baud_rate);
}
//打开串口
inline bool open(int port,   char *set_str)
{
  if(port < 1 || port > 1024)
    return false;

  set_com_port(port);

  if(!open_port())
    return false;
```

```cpp
      if(!setup_port())
        return false;

      return set_state(set_str);

    }
    inline bool set_buf(int in,    int out)
    {
      return is_open() ? SetupComm(_com_handle,    in,    out) :    false;
    }
//关闭串口
    inline virtual void close()
    {
      if(is_open())
      {
        CloseHandle(_com_handle);
        _com_handle = INVALID_HANDLE_VALUE;
      }
    }
//判断串口是或打开
    inline bool is_open()
    {
      return _com_handle != INVALID_HANDLE_VALUE;
    }
//获得串口句炳
    HANDLE get_handle()
    {
      return _com_handle;
    }
    operator HANDLE()
    {
      return _com_handle;
    }
};
```

```cpp
class _sync_com: public _base_com
{
protected:
//打开串口
 virtual bool open_port()
 {
  if(is_open())
   close();

  _com_handle = CreateFile(
   _com_str,
   GENERIC_READ | GENERIC_WRITE,
   0,
   NULL,
   OPEN_EXISTING,
   FILE_ATTRIBUTE_NORMAL ,
   NULL
   );
  assert(is_open());
  return is_open(); //检测串口是否成功打开
 }

public:

 _sync_com()
 {
 }
//同步读
 int read(char *buf,  int buf_len)
 {
  if(!is_open())
   return 0;
```

```
    buf[0] = '\0';

    COMSTAT    stat;
    DWORD error;

    if(ClearCommError(_com_handle,    &error,    &stat) && error > 0) //清
除错误
    {
     PurgeComm(_com_handle, PURGE_RXABORT | PURGE_ RXCLEAR);
/*清除输入缓冲区*/
     return 0;
    }

    unsigned long r_len = 0;

    buf_len = min(buf_len - 1,  (int)stat.cbInQue);
    if(!ReadFile(_com_handle, buf, buf_len, &r_len, NULL))
      r_len = 0;
    buf[r_len] = '\0';

    return r_len;
   }
   //同步写
   int write(char *buf, int buf_len)
   {
    if(!is_open() || !buf)
     return 0;

    DWORD     error;
    if(ClearCommError(_com_handle, &error, NULL) && error > 0) //清除
错误

     PurgeComm(_com_handle,  PURGE_TXABORT | PURGE_TXCLEAR);

    unsigned long w_len = 0;
```

```cpp
            if(!WriteFile(_com_handle, buf, buf_len, &w_len, NULL))
                w_len = 0;

            return w_len;
        }
        //同步写
        inline int write(char *buf)
        {
            assert(buf);
            return write(buf,  strlen(buf));
        }
        //同步写,  支持部分类型的流输出
        template<typename T>
        _sync_com& operator << (T x)
        {
            strstream s;

            s << x;
            write(s.str(), s.pcount());

            return *this;
        }
    };

class _asyn_com: public _base_com
{
protected:

    OVERLAPPED _ro, _wo; //重叠 I/O

    virtual bool open_port()
    {
        if(is_open())
            close();
```

```cpp
    _com_handle = CreateFile(
    _com_str,
    GENERIC_READ | GENERIC_WRITE,
    0,
    NULL,
    OPEN_EXISTING,
    FILE_ATTRIBUTE_NORMAL | FILE_FLAG_OVERLAPPED,  //重叠
I/O
    NULL
    );
    assert(is_open());
    return is_open();  //检测串口是否成功打开
    }

public:

    _asyn_com()
    {
    memset(&_ro, 0, sizeof(_ro));
    memset(&_wo, 0, sizeof(_wo));

    _ro.hEvent = CreateEvent(NULL, true, false, NULL);
    assert(_ro.hEvent != INVALID_HANDLE_VALUE);

    _wo.hEvent = CreateEvent(NULL, true, false, NULL);
    assert(_wo.hEvent != INVALID_HANDLE_VALUE);
    }
    virtual ~_asyn_com()
    {
    close();

    if(_ro.hEvent != INVALID_HANDLE_VALUE)
      CloseHandle(_ro.hEvent);
```

```
        if(_wo.hEvent != INVALID_HANDLE_VALUE)
          CloseHandle(_wo.hEvent);
    }
    //异步读
    int read(char *buf, int buf_len, int time_wait = 20)
    {
      if(!is_open())
        return 0;

      buf[0] = '\0';

      COMSTAT   stat;
      DWORD error;

        if(ClearCommError(_com_handle, &error, &stat) && error > 0) //清除
错误
        {
          PurgeComm(_com_handle, PURGE_RXABORT | PURGE_RXCLEAR);
/*清除输入缓冲区*/
          return 0;
        }

        if(!stat.cbInQue)// 缓冲区无数据
          return 0;

        unsigned long r_len = 0;

        buf_len = min((int)(buf_len /*- 1*/),   (int)stat.cbInQue);

        if(!ReadFile(_com_handle,  buf,  buf_len,  &r_len,  &_ro)) //2000 下
ReadFile 始终返回 True
        {
          if(GetLastError() == ERROR_IO_PENDING) // 结束异步 I/O
          {
```

```cpp
        //WaitForSingleObject(_ro.hEvent,  time_wait);  //等待 20ms
        if(!GetOverlappedResult(_com_handle,  &_ro,  &r_len,  false))
        {
         if(GetLastError() != ERROR_IO_INCOMPLETE)//其他错误
           r_len = 0;
        }
      }
     else
      r_len = 0;
    }

    buf[r_len] = '\0';
    return r_len;
   }
//异步写
int write(char *buf,  int buf_len)
   {
    if(!is_open())
     return 0;

    DWORD        error;
    if(ClearCommError(_com_handle,   &error,    NULL) && error > 0) //清
除错误
       PurgeComm(_com_handle, PURGE_TXABORT | PURGE_TXCLEAR);

    unsigned long w_len = 0,  o_len = 0;
    if(!WriteFile(_com_handle,  buf,  buf_len,  &w_len,  &_wo))
     if(GetLastError() != ERROR_IO_PENDING)
      w_len = 0;

    return w_len;
   }
//异步写
inline int write(char *buf)
```

```
    {
      assert(buf);
      return write(buf, strlen(buf));
    }
//异步写，支持部分类型的流输出
template<typename T>
_asyn_com& operator << (T x)
    {
      strstream s;

      s << x ;
      write(s.str(), s.pcount());

      return *this;
    }
};


//当接受到数据送到窗口的消息
#define ON_COM_RECEIVE WM_USER + 618   //   WPARAM 端口号

class _thread_com :   public _asyn_com
{
protected：
  volatile HANDLE _thread_handle; //辅助线程
  volatile HWND _notify_hwnd; // 通知窗口
  volatile long _notify_num; //接受多少字节(>_notify_num)发送通知消息
  volatile bool _run_flag; //线程运行循环标志
  void (*_func)(int port);

  OVERLAPPED _wait_o; //WaitCommEvent use

  //线程收到消息自动调用，如窗口句柄有效，送出消息，包含窗口编号
  virtual void on_receive()
    {
```

```cpp
    if(_notify_hwnd)
     PostMessage(_notify_hwnd, ON_COM_RECEIVE, WPARAM(_port),
LPARAM(0));
    else
     {
      if(_func)
        _func(_port);
     }
    }
    //打开串口，同时打开监视线程
    virtual bool open_port()
    {
     if(_asyn_com :: open_port())
      {
      _run_flag = true;
      DWORD id;
      _thread_handle = CreateThread(NULL, 0, com_thread, this, 0,
&id);  //辅助线程
      assert(_thread_handle);
      if(!_thread_handle)
       {
        CloseHandle(_com_handle);
        _com_handle = INVALID_HANDLE_VALUE;
       }
      else
        return true;
      }
     return false;
    }

    public:
    _thread_com()
    {
     _notify_num = 0;
```

```cpp
    _notify_hwnd = NULL;
    _thread_handle = NULL;
    _func = NULL;

    memset(&_wait_o, 0, sizeof(_wait_o));
    _wait_o.hEvent = CreateEvent(NULL, true, false, NULL);
    assert(_wait_o.hEvent != INVALID_HANDLE_VALUE);
  }
  ~_thread_com()
  {
   close();

   if(_wait_o.hEvent != INVALID_HANDLE_VALUE)
     CloseHandle(_wait_o.hEvent);
  }
//设定发送通知，接受字符最小值
void set_notify_num(int num)
  {
   _notify_num = num;
  }
int get_notify_num()
  {
   return _notify_num;
  }
//送消息的窗口句柄
inline void set_hwnd(HWND hWnd)
  {
   _notify_hwnd = hWnd;
  }
inline HWND get_hwnd()
  {
   return _notify_hwnd;
  }
inline void set_func(void (*f)(int))
```

```
    {
    _func = f;
    }
//关闭线程及串口
virtual void close()
    {
    if(is_open())
        {
        _run_flag = false;
        SetCommMask(_com_handle，  0);
        SetEvent(_wait_o.hEvent);

        if(WaitForSingleObject(_thread_handle，100) != WAIT_OBJECT_0)
            TerminateThread(_thread_handle，0);

        CloseHandle(_com_handle);
        CloseHandle(_thread_handle);

        _thread_handle = NULL;
        _com_handle = INVALID_HANDLE_VALUE;
        ResetEvent(_wait_o.hEvent);
        }
    }
/*辅助线程控制*/
//获得线程句柄
HANDLE get_thread()
    {
    return _thread_handle;
    }
//暂停监视线程
bool suspend()
    {
    return _thread_handle != NULL ? SuspendThread(_thread_handle) !=
0xFFFFFFFF：false;
```

```
    }
    //恢复监视线程
    bool resume()
    {
     return _thread_handle != NULL ? ResumeThread(_thread_handle) !=
0xFFFFFFFF：false;
    }
    //重建监视线程
    bool restart()
    {
     if(_thread_handle) /*只有已有存在线程时*/
     {
      _run_flag = false;
      SetCommMask(_com_handle,   0);
      SetEvent(_wait_o.hEvent);

      if(WaitForSingleObject(_thread_handle，100) != WAIT_OBJECT_0)
       TerminateThread(_thread_handle，0);

      CloseHandle(_thread_handle);

      _run_flag = true;
      _thread_handle = NULL;

      DWORD id;
      _thread_handle = CreateThread(NULL，0，com_thread，this，0，&id);
      return (_thread_handle != NULL); //辅助线程
     }
     return false;
    }

    private：
    //监视线程
    static DWORD WINAPI com_thread(LPVOID para)
```

```
{
    _thread_com *pcom = (_thread_com *)para;


        if(!SetCommMask(pcom->_com_handle , EV_RXCHAR | EV_
ERR))
        return 0;

    COMSTAT   stat;
    DWORD error;

    for(DWORD length, mask = 0; pcom->_run_flag && pcom->is_open();
mask = 0)
    {
    if(!WaitCommEvent(pcom->_com_handle, &mask, &pcom->_wait_o))
    {
     if(GetLastError() == ERROR_IO_PENDING)
     {
        GetOverlappedResult(pcom->_com_handle, &pcom->_wait_o, &length,
true);
     }
    }

    if(mask & EV_ERR) // == EV_ERR
     ClearCommError(pcom->_com_handle, &error, &stat);

    if(mask & EV_RXCHAR) // == EV_RXCHAR
    {
     ClearCommError(pcom->_com_handle, &error, &stat);
     if(stat.cbInQue > pcom->_notify_num)
      pcom->on_receive();
    }

    }
```

```
        return 0;
    }


};

typedef _thread_com _com；//名称简化

#endif //_COM_H_
```

（三）运行效果展示

1. 运行 ISIS 仿真程序

运行后仿真效果如图 6-11 所示。

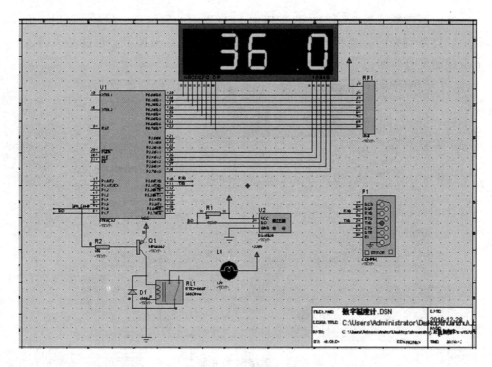

图 6-11　仿真效果图

2. 运行采集网关程序

运行采集网关程序，温度网关采集如图 6-12、6-13 所示。

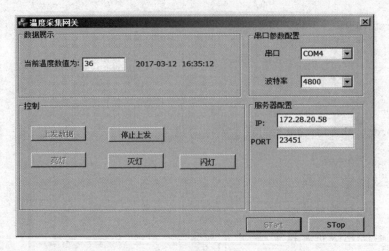

图 6-12　温度网关采集一

当前温度数值为 36，与仿真程序中 LED 显示的数值是一致的。同时，仿真中的灯是点亮的，当我们点击灭灯按钮时，发现灯灭掉了。也就是说明，下发控制是有效的。

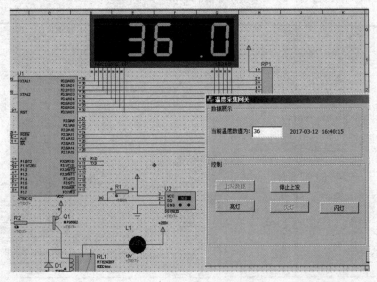

图 6-13　温度网关采集二

3. 远端服务器

我们可以使用网络调试助手来模拟远端服务器，看看本网关程序是否能够将数据送达远端，如图 6-14 所示。

图 6-14　网络调试助手模拟服务器

　　将网络调试助手设置为上图所示，选择 UDP 协议，IP 和端口与网关程序服务器配置相同，然后点击连接，我们马上就可以看到接收框中出现了 UDP 数据包。在发送框内填入 AA 55 CMD，按照 16 进制发送到温度采集网关，进而我们可以看到仿真程序的灯，按照我们的指令改变状态，说明远程控制已发生作用。

（四）UDP 服务器实现配置

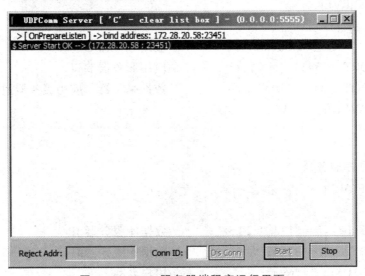

图 6-15　UDP 服务器端程序运行界面

我们可以自己构建 UDP 服务器，将采集的数据存入数据库，以供查询，另外再构建 Web 服务器及 APP 程序，就可以完整地模拟整个物联网体系。构建服务器端，工作量是比较庞大的，编者采用了开源的 IOCP 库，构建了简单的 UDP 服务器，并将数据导入到了 MySql 数据库，效果如图 6-15、图 6-16 所示。

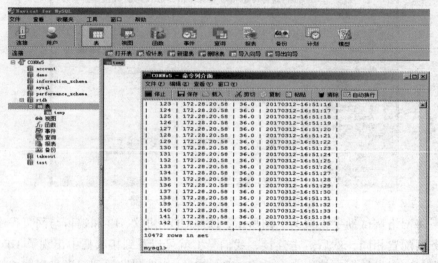

图 6-16　MySql 数据库查询结果

服务器配置文件
//应用服务器

```
APPSERVER =
{
    IP    = "172.28.20.58";        //应用服务器 IP
    PORT = 23451                    //应用服务器端口
    PROTOCOL = "UDP";               //数据采集器与应用服务器通信协议
    HAVEDB    = 1;
};

//数据库服务器
DBSERVER =
{
    DB_IP    = "172.28.20.58";      //数据库服务器 IP
    DB_PORT = 3306;                 //数据库服务器端口
    DB_USER = "root";               //用户名称
```

```
        DB_PASSWD    =    "x5";                    //用户密码
        DB_CONN_POOL = 10;                        //最大连接池个数


        DB = ( { dbname    = "RTDB";        //数据库名称--实时数据库，按采集
频率入库 20S，保存 1 天，共 4320 条数据，支持 1000 点以内问题不大，则适
于按分、小时，按天查询
                },
                { dbname    = "WEEKDB";         //周历史数据库，按 2 分钟入库，
每周 5040 条记录，一年 52 周，全年数据共 262080 条数据，适于按周查询
                },
                    { dbname    = "MONTHDB";    //月度数据库，        按 5
分钟入库，每月    条记录，全年    条记录，
                },
                    { dbname    = "YEARDB"; //年度数据库，                按 30
分钟入库，每年    条记录，适合跨年按年度统计
                }
            );
        };


    //数据表
    //实时数据数据库，列出各种数据表的定义
    RTDB    =
    {
        //TABLES    =({tablename="person"}  ,    {tablename="tbl2"}  ,
{tablename="tbl3"} , {tablename="tbl4"}); //列出实时数据库的表格
        TABLES =({tablename="temp"});
        temp = (
        { name    = "id_p";                type = "int";        len    = 2;      isnull
= 1;  },    //字段 1
        { name    = "ip";                type = "vchar";      len    = 255;    isnull
= 1;  },      //字段 2
        { name    = "data";              type = "float";      len    = 50; isnull      =
1;  },  //字段 2
        { name    = "timestamp"; type = "vchar";      len    = 50;  isnull      =
```

- 187 -

```
1;    }    //字段 2
                );


};

//其他数据库格式如上


//采集通信协议格式
COMMPROTOCOL   =
{
     FIELDS = (
     { name   = "FLAG";   type = "uchar";         len  = 2;       }    ,
//标志位 2 字节
     { name   = "LENGTH";   type = "uchar";          len  = 2;         },
//长度字节，2 字节
     { name   = "PDU0";   type = "uchar";         len  = 2;       }    ,
//负荷字段 1
     { name   = "PDU1";   type = "uchar";         len  = 2;          },
//负荷字段 2
     { name   = "PDU2";   type = "uchar";         len  = 2;          },
//负荷字段 3
     { name   = "PDU3";   type = "uchar";         len  = 2;          },
//负荷字段 4
     { name   = "CRC16";   type = "uchar";         len  = 2 ;       }
//CRC 校验字段
                );


};
```

附录 NTC 热敏电阻温度补偿特性表

附表 1

Part Number	NCP□YS110	NCP□YS220	NCP□XC220	NCP□YS330	NCP□XC330	NCP□YS470	NCP□XC470	NCP□□YS680
Resistance	11 Ω	22 Ω	22 Ω	33 Ω	33 Ω	47 Ω	47 Ω	68 Ω
B-Constant	2 750 k	2 750 k	3 100 k	2 750 k	3 100 k	2 750 k	3 100 k	2 750 k
Temp. (°C)	Resistance (Ω)	Resistance (Ω)	Resistance (Ω)	Resistance (Ω)	Resistance (Ω)	Resistance (Ω)	Resistance (Ω)	Resistance (Ω)
-40	127.366	254.732	355.823	382.098	533.734	544.201	760.166	787.354
-35	101.662	203.325	273.975	304.987	410.962	434.376	585.310	628.459
-30	81.726	163.452	213.003	245.178	319.504	349.193	455.051	505.215
-25	66.148	132.296	166.943	198.444	250.415	282.633	356.652	408.915
-20	53.946	107.893	131.997	161.839	197.996	230.498	281.994	333.487
-15	44.273	88.546	105.318	132.819	157.978	189.167	224.998	273.688
-10	36.494	72.987	84.670	109.481	127.005	155.927	180.886	225.597
-5	30.262	60.523	68.628	90.785	102.942	129.299	146.614	187.071
0	25.226	50.451	55.981	75.677	83.972	107.782	119.596	155.940

Part Number	NCP□□ YS110	NCP□□ YS220	NCP□□ XC220	NCP□□ YS330	NCP□□ XC330	NCP□□ YS470	NCP□□ XC470	NCP□□ YS680
Resistance	11 Ω	22 Ω	22 Ω	33 Ω	33 Ω	47 Ω	47 Ω	68 Ω
B-Constant	2 750 k	2 750 k	3 100 k	2 750 k	3 100 k	2 750 k	3 100 k	2 750 k
Temp. (°C)	Resistance (Ω)	Resistance (Ω)	Resistance (Ω)	Resistance (Ω)	Resistance (Ω)	Resistance (Ω)	Resistance (Ω)	Resistance (Ω)
5	21.150	42.300	45.859	63.449	68.789	90.367	97.972	130.744
10	17.828	35.657	37.819	53.485	56.728	76.176	80.794	110.212
15	15.103	30.205	31.396	45.308	47.094	64.529	67.073	93.361
20	12.859	25719	26.211	38.578	39.317	54.944	55.997	79.494
25	11.000	22.000	22.000	33.000	33.000	47.000	47.000	68.000
30	9.452	18.904	18.560	28.356	27.840	40.386	39.651	58.430
35	8.162	16.323	15.735	24.485	23.603	34.872	33.616	50.454
40	7.077	14.155	13.403	21.232	20.104	30.239	28.633	43.750
45	6.161	12.323	11.462	18.484	17.193	26.326	24.487	38.089
50	5.389	10.778	9.842	16.167	14.763	23.025	21.026	33.133
55	4.731	9.461	8.488	14.192	12.732	20.213	18.133	29.244
60	4.168	8.336	7.348	12.504	11.022	17.809	15.698	25.766
65	3.687	7.374	6.399	11.061	9.598	15.753	13.670	22.792
70	3.273	6.545	5.595	9.817	8.392	13.982	11.952	20.230
75	2.915	5.830	4.896	8.744	7.345	12.454	10.461	18.019

Part Number	NCP□□ YS110	NCP□□ YS220	NCP□□ XC220	NCP□□ YS330	NCP□□ XC330	NCP□□ YS470	NCP□□ XC470	NCP □□ YS680
Resistance	11 Ω	22 Ω	22 Ω	33 Ω	33 Ω	47 Ω	47 Ω	68 Ω
B-Constant	2 750 k	2 750 k	3 100 k	2 750 k	3 100 k	2 750 k	3 100 k	2 750 k
Temp. (°C)	Resistance (Ω)	Resistance (Ω)	Resistance (Ω)	Resistance (Ω)	Resistance (Ω)	Resistance (Ω)	Resistance (Ω)	Resistance (Ω)
80	2.605	5.210	4.299	7.814	6.448	11.130	9.184	16.102
85	2.335	4.671	3.795	7.006	5.692	9.979	8.107	14.437
90	2.100	4.201	3.360	6.301	5.040	8.974	7.179	12.984
95	1.894	3.789	2.983	5.683	4.474	8.094	6.373	11.710
100	1.713	3.427	2.656	5.140	3.983	7.320	5.673	10.591
105	1.554	3.107	2.367	4.661	3.551	6.638	5.057	9.604
110	1.412	2.825	2.116	4.237	3.173	6.035	4.520	8.731
115	1.287	2.574	1.901	3.862	2.851	5.500	4.060	7.957
120	1.176	2.352	1.712	3.528	2.568	5.024	3.657	7.269
125	1.077	2.153	1.543	3.230	2.314	4.600	3.296	6.655

附表 2

Part Number	NCP□□ xc680	NCP□□ YS101	NCP□□ XF101	NCP□□ XF151	NCP□□ XM221	NCP□□ XM331	NCP□□ XQ471	NCP□□ XQ681
Resistance	68 Ω	100 Ω	100 Ω	150 Ω	220 Ω	330 Ω	470 Ω	680 Ω
B-Constant	3 100 k	2 750 k	3 250 k	3 250 k	3 500 k	3 500 k	3 650 k	3 650 k
Temp. (°C)	Resistance (Ω)	Resistance (Ω)	Resistance (Ω)	Resistance (Ω)	Resistance (Ω)	Resistance (Ω)	Resistance (Ω)	Resistance (Ω)
-40	1099.815	1157.874	1824.175	2736.262	4947.904	7421.856	11822.473	17104.854
-35	846.832	924.204	1390.685	2086.028	3703.755	5555.632	8767.745	12685.248
-30	658.372	742.963	1070.653	1605.979	2798.873	4198.309	6570.224	9505.855
-25	516.007	601.346	831.138	1246.708	2135.887	3203.831	4971.784	7193.219
-20	407.991	490.422	650.960	976.440	1645.037	2467.555	3796.933	5493.436
-15	325.529	402.482	514.441	771.661	1278.034	1917.051	2923.400	4229.599
-10	261.707	331.760	409.700	614.550	1000.620	1500.930	2269.599	3283.675
-5	212.123	275.105	328.877	493.315	789.612	1184.418	1775.225	2568.411
0	173.033	229.324	265.759	398.639	627.752	941.628	1399.050	2024.158
5	141.747	192.270	215.785	323.677	502.474	753.711	110.220	1606.275
10	116.894	162.076	176.395	264.592	405.010	607.514	887.257	1283.691
15	97.042	137.296	145.161	217.742	328.480	492.720	713.463	1032.245
20	81.016	116.902	120.152	180.228	268044	402.066	577.375	83.535
25	68.000	100.000	100.000	150.000	220.000	330.000	470.000	680.000
30	57.368	85.927	83.669	125.503	181.576	272.365	384.800	556.733
35	48.636	74.197	70.361	105.541	150.668	226.002	316.757	458.287
40	41.426	64.339	59.456	89.184	125.681	188.521	262.177	379.320

Part Number	NCP □□ xc680	NCP □□ YS101	NCP □□ XF101	NCP □□ XF151	NCP □□ XM221	NCP □□ XM331	NCP □□ XQ471	NCP □□ XQ681
Resistance	68 Ω	100 Ω	100 Ω	150 Ω	220 Ω	330 Ω	470 Ω	680 Ω
B-Constant	3 100 k	2 750 k	3 250 k	3 250 k	3 500 k	3 500 k	3 650 k	3 650 k
Temp. (°C)	Resistance (Ω)	Resistance (Ω)	Resistance (Ω)	Resistance (Ω)	Resistance (Ω)	Resistance (Ω)	Resistance (Ω)	Resistance (Ω)
45	35.428	56.013	50.470	75.705	105.336	158.004	218.069	315.504
50	30.421	48.989	43.029	64.543	88.717	133.076	182.297	263.749
55	26.235	43.006	36.830	55.246	75.059	112.588	153.150	221.579
60	22.712	37.891	31.649	47.473	63.777	95.666	129.249	186.998
65	19.778	33.517	27.364	41.045	54.415	81.622	109.551	158.499
70	17.293	29.750	23.756	35.634	46.631	69.946	93.281	134.960
75	15.134	26.498	20.651	30.976	40.115	60.172	79.750	115.383
80	13.288	23.680	18.011	27.016	34.637	51.955	68.446	99.029
85	11.729	21.231	15.800	23.700	30.013	45.019	58.996	85.356
90	10.386	19.094	13.908	20.862	26.110	39.165	51.036	73.839
95	9.220	17.221	12.263	18.394	22.790	34.186	44.332	64.140
100	8.208	15.575	10.844	16.265	19.957	29.935	38.640	55.905
105	7.317	14.124	9.622	14.434	17.541	26.312	33.790	48.888
110	6.539	12.840	8.563	12.844	15.453	23.180	29.664	42.918
115	5.874	11.702	7.648	11.472	13.663	20.494	26.123	37.795
120	5.291	10.690	6.850	10.275	12.114	18.171	23.091	33.409
125	4.768	9.787	6.162	9.243	10.778	16.168	20.472	29.618

附表 3

Part Number	NCP□□ XQ102	NCP□□ XW152	NCP□□ XW222	NCP□□ XW332	NCP□□ XW472	NCP□□ XH682	NCP□□ XW682	NCP□□ XH103
Resistance	1 kΩ	1.5 kΩ	2.2 kΩ	3.3 kΩ	4.7 kΩ	6.8 kΩ	6.8 kΩ	10 kΩ
B-Constant	3650 k	3 950 k	3 950 k	3 950 k	3 500 k	3 380 k	3 950 k	3 380 k
Temp. (°C)	Resistance (kΩ)	Resistance (kΩ)	Resistance (kΩ)	Resistance (kΩ)	Resistance (kΩ)	Resistance (kΩ)	Resistance (kΩ)	Resistance (kΩ)
-40	25.154	51.791	75.961	113.941	105.705	133.122	234.787	195.652
-35	18.655	37.172	54.520	81.779	79.126	100.810	168.515	148.171
-30	13.979	27.005	39.607	59.411	59.794	77.113	122.422	113.347
-25	10.578	19.843	29.103	43.654	45.630	59.566	89.953	87.559
-20	8.079	14.728	21.601	32.401	35.144	46.419	66.766	68.237
-15	6.220	11.044	16.198	24.297	27.303	36.494	50.066	53.650
-10	4.829	8.362	12.264	18.396	21.377	28.913	37.906	42.506
-5	3.777	6.389	9.370	14.055	16.869	23.052	28.963	33.892
0	2.977	4.922	7.219	10.829	13.411	18.512	22.313	27.219
5	2.362	3.825	5.609	8.414	10.735	14.977	17.338	22.021
10	1.888	2.994	4.391	6.586	8.653	12.191	13.571	17.926
15	1.518	2.361	3.463	5.195	7.018	9.979	10.705	14.674
20	1.229	1.876	2.751	4.126	5.726	8.215	8.503	12.081
25	1.000	1.500	2.200	3.300	4.700	6.800	6.800	10.000
30	0.819	1.207	1.771	2.656	3.879	5.654	5.474	8.315
35	0.674	0.978	1.434	2.152	3.219	4.724	4.434	6.948
40	0.558	0.797	1.169	1.753	2.685	3.967	3.613	5.834

Part Number	NCP□□ XQ102	NCP□□ XW152	NCP□□ XW222	NCP□□ XW332	NCP□□ XW472	NCP□□ XH682	NCP□□ XW682	NCP□□ XH103
Resistance	1 kΩ	1.5 kΩ	2.2 kΩ	3.3 kΩ	4.7 kΩ	6.8 kΩ	6.8 kΩ	10 kΩ
B-Constant	3 650 k	3 950 k	3 950 k	3 950 k	3 500 k	3 380 k	3 950 k	3 380 k
Temp. (°C)	Resistance (kΩ)	Resistance (kΩ)	Resistance (kΩ)	Resistance (kΩ)	Resistance (kΩ)	Resistance (kΩ)	Resistance (kΩ)	Resistance (kΩ)
45	0.464	0.653	0.958	1.437	2.250	3.343	2.961	4.917
50	0.388	0.538	0.789	1.184	1.895	2.829	2.440	4161
55	0.326	0.446	0.654	0.981	1.604	2.403	2.022	3.535
60	0.275	0.371	0.545	0.817	1.363	2.049	1.683	3.014
65	0.233	0.311	0.456	0.684	1.163	1.758	1.409	2.586
70	0.199	0.261	0.383	0.575	0.996	1.514	1.185	2.228
75	0.170	0.221	0.324	0.486	0.857	1.308	1.001	1.925
80	0.146	0.187	0.275	0.412	0.740	1.134	0.849	1.669
85	0.126	0.160	0.234	0.351	0.641	0.987	0.724	1.452
90	0.109	0.137	0.200	0.301	0.558	0.862	0.620	1.268
95	0.094	0.117	0.172	0.258	0.487	0.754	0.532	1.110
100	0.082	0.101	0.149	0.223	0.426	0.662	0.459	0.974
105	0.072	0.088	0.129	0.193	0.375	0.583	0.398	0.858
110	0.063	0.076	0.112	0.168	0.330	0.515	0.346	0.758
115	0.056	0.067	0.098	0.146	0.292	0.456	0.302	0.672
120	0.049	0.058	0.085	0.128	0.259	0.405	0.264	0.596
125	0.044	0.051	0.075	0.113	0.230	0.361	0.232	0.531

附表 4

Part Number	NCP□□ XV103	NCP□□ XH153	NCP□□ XW153	NCP□□ XH223	NCP□□ XW223	NCP□□ WL223	NCP□□ WB333	NCP□□ WF333
Resistance	10 kΩ	15 kΩ	15 kΩ	22 kΩ	22 kΩ	22 kΩ	33 kΩ	33 kΩ
B-Constant	3 900 k	3 380 k	3 950 k	3 380 k	3 950 k	4 485 k	4 050 k	4 250 k
Temp. (°C)	Resistance (kΩ)	Resistance (kΩ)	Resistance (kΩ)	Resistance (kΩ)	Resistance (kΩ)	Resistance (kΩ)	Resistance (kΩ)	Resistance (kΩ)
−40	328.996	293.651	517.912	430.688	759.605	1073.436	1227.263	1451.049
−35	237.387	222.375	371.724	326.150	545.196	753.900	874.449	1019.238
−30	173.185	170.103	270.048	249.484	396.070	535.073	630.851	725.084
−25	127.773	131.395	198.426	192.712	291.025	383.590	460.457	522.021
−20	95.327	102.394	147.278	150.178	216008	277.643	339.797	379.842
−15	71.746	80.501	110.439	118.068	161.977	202.813	253.363	279.371
−10	54.564	63.778	83.617	93.540	122.638	149.462	190.766	207.566
−5	41.813	50.851	63.888	74.581	93.702	111.082	144.964	155.639
0	32.330	40.836	49.221	59.893	72.191	83.233	111.087	117.814
5	25.194	33.037	38.245	48.454	56.093	62.858	85.842	89.925
10	19.785	26.891	29.936	39.441	43.907	47.831	66.861	69.204
15	15.651	22.012	23.613	32.284	34.633	36.664	52470	53.675
20	12.468	18.122	18.756	26.578	27.509	28.304	41471	41.937
25	10.000	15.000	15.000	22.000	22.000	22.000	33.000	33.000
30	8.072	12.471	12.074	18.291	17.709	17.214	26.430	26.143
35	6.556	10.421	9.780	15.284	14.344	13.557	21.298	20.845
40	5356	8.750	7.969	12.833	11.688	10.744	17.266	16.723

Part Number	NCP□□ XV103	NCP□□ XH153	NCP□□ XW153	NCP□□ XH223	NCP□□ XW223	NCP□□ WL223	NCP□□ WB333	NCP□□ WF333
Resistance	10 kΩ	15 kΩ	15 kΩ	22 kΩ	22 kΩ	22 kΩ	33 kΩ	33 kΩ
B-Constant	3 900 k	3 380 k	3 950 k	3 380 k	3 950 k	4 485 k	4 050 k	4 250 k
Temp. (°C)	Resistance (kΩ)	Resistance (kΩ)	Resistance (kΩ)	Resistance (kΩ)	Resistance (kΩ)	Resistance (kΩ)	Resistance (kΩ)	Resistance (kΩ)
45	4.401	7.374	6.531	10.816	9.578	8.566	14.076	13.498
50	3.635	6.240	5.382	9.152	7.894	6.871	11.538	10.954
55	3.019	5.301	4.459	7.775	6.540	5.543	9.506	8.940
60	2.521	4.520	3.713	6.630	5.446	4.497	7.870	7.334
65	2.115	3.878	3.108	5.688	4.559	3.669	6.549	6.046
70	1.781	3.340	2.613	4.899	3.832	3.009	5.475	5.011
75	1.509	2.886	2.208	4.233	3.239	2.481	4.595	4.170
80	1.284	2.501	1.873	3.669	2.748	2.056	3.874	3.487
85	1.097	2.177	1.597	3.194	2.342	1.713	3.282	2.928
90	0.941	1.901	1.367	2.788	2.004	1.434	2.789	2.469
95	0.810	1.664	1.174	2.440	1.722	1.206	2.379	2.091
100	0.701	1.460	1.013	2.141	1.486	1.019	2.038	1.777
105	0.608	1.286	0.878	1.887	1.287	0.866	1.751	1.516
110	0.530	1.136	0.763	1.667	1.119	0.739	1.509	1.298
115	0.463	1.007	0.665	1.477	0.975	0.633	1.306	1.116
120	0.406	0.894	0.582	1.311	0.854	0.545	1.134	0.962
125	0.358	0.796	0.511	1.168	0.750	0.471	0.987	0.832

附表 5

Part Number	NCP□□ WL333	NCP□□ WB473	NCP□□ WL473	NCP□□ WD683	NCP□□ WF683	NCP□□ WL683	NCP□□ WF104	NCP□□ WL104
Resistance	33 kΩ	47 kΩ	47 kΩ	68 kΩ	68 kΩ	68 kΩ	100 kΩ	100 kΩ
B-Constant	4 485 k	4050 k	4 485 k	4 150 k	4 250 k	4 485 k	4 250 k	4 485 k
Temp. (°C)	Resistance (kΩ)	Resistance (kΩ)	Resistance (kΩ)	Resistance (kΩ)	Resistance (kΩ)	Resistance (kΩ)	Resistance (kΩ)	Resistance (kΩ)
-40	1 610.154	1 747.920	2 293.249	2 735.359	2 990.041	3 317.893	4 397.119	4 879.254
-35	1 130.850	1 245.428	1 610.605	1 937.391	2 100.247	2 330.237	3 088.599	3 426.818
-30	802.609	898.485	1 143.110	1 389.345	1 494.113	1 653.862	2 197.225	2 432.149
-25	575.385	655.802	819.487	1 008.014	1 075.679	1 185.641	1 581.881	1 743.590
-20	416.464	483.954	593.146	738.978	782.705	858.168	1 151.037	1 262.012
-15	304.219	360.850	433.281	547.456	575.674	626.875	846.579	921.875
-10	224.193	271.697	319.305	409.600	427.712	461.974	628.988	679.373
-5	166.623	206.463	237.312	309.217	320.710	343.345	471.632	504.919
0	124.850	158.214	177.816	235.606	242.768	257.266	357.012	378.333
5	94.287	122.259	134.287	180.980	185.300	194.287	272.500	285.717
10	71.747	95.227	102.184	140.139	142.603	147.841	209.710	217.414
15	54.996	74.730	78.327	109.344	110.602	113.325	162.651	166.654
20	42.455	59.065	60.467	85.929	86.415	87.484	127.080	128.653
25	33.000	47.000	47.000	68.000	68.000	68.000	100.000	100.000
30	25822	37.643	36.776	54.167	53.871	53.208	79.222	78.247
35	20.335	30.334	28.962	43.421	42.954	41.903	63.167	61.622
40	16.115	24.591	22.952	35.016	34.460	33.208	50.677	48.835

Part Number	NCP□□ WL333	NCP□□ WB473	NCP□□ WL473	NCP□□ WD683	NCP□□ WF683	NCP□□ WL683	NCP□□ WF104	NCP□□ WL104
Resistance	33 kΩ	47 kΩ	47 kΩ	68 kΩ	68 kΩ	68 kΩ	100 kΩ	100 kΩ
B-Constant	4 485 k	4050 k	4 485 k	4 150 k	4 250 k	4 485 k	4 250 k	4 485 k
Temp. (°C)	Resistance (kΩ)	Resistance (kΩ)	Resistance (kΩ)	Resistance (kΩ)	Resistance (kΩ)	Resistance (kΩ)	Resistance (kΩ)	Resistance (kΩ)
45	12.849	20.048	18.301	28.406	27.814	26.477	40.904	38.937
50	10.306	16.433	14.679	23.166	22.572	21.237	33.195	31.231
55	8.314	13.539	11.842	18.997	18.422	17.133	27.091	25.195
60	6.746	11.209	9.607	15.657	15.113	13.900	22.224	20.441
65	5.503	9.328	7.837	12.967	12.459	11339	18323	16.675
70	4.513	7.798	6.428	10.794	10.325	9.300	15184	13.677
75	3.721	6.544	5.300	9.021	8.592	7.668	12.635	11.277
80	3.084	5.518	4.393	7.575	7.185	6.356	10.566	9.346
85	2.569	4.674	3.659	6.387	6.033	5.294	8.873	7.785
90	2.151	3.972	3.063	5.407	5.087	4.432	7.481	6.517
95	1.809	3.388	2.577	4.598	4.309	3.728	6.337	5.482
100	1.529	2.902	2.178	3.922	3.661	3.151	5.384	4.634
105	1.299	2.494	1.849	3.359	3.124	2.676	4.594	3.935
110	1.108	2.150	1.578	2.887	2.675	2.283	3.934	3.357
115	0.949	1.860	1.352	2.489	2.299	1.956	3.380	2.877
120	0.817	1.615	1.164	2.155	1.983	1.684	2.916	2.476
125	0.707	1.406	1.006	1.870	1.715	1.456	2.522	2.141

Part Number	NCP□□ WL154	NCP□□ WM154	NCP□□ WL224	NCP□□ WM224	NCP□□ WM474
Resistance	150 kΩ	150 kΩ	220 kΩ	220 kΩ	470 kΩ
B-Constant	4 485 k	4 500 k	4 485 k	4 500 k	4 500 k
Temp. (°C)	Resistance (kΩ)	Resistance (kΩ)	Resistance (kΩ)	Resistance (kΩ)	Resistance (kΩ)
-40	7 318.881	7 899.466	10 734.358	11 585.884	24 751.661
-35	5 140.228	5 466.118	7 539.001	8 016.973	17 127.169
-30	3 648.224	3 834.499	5 350.729	5 623.931	12 014.762
-25	2 615.385	2 720.523	3 835.898	3 990.100	8 524.305
-20	1 893.018	1 951.216	2 776.427	2 861.784	6 113.811
-15	1 382.813	1 415.565	2 028.126	2 076.162	4 435.437
-10	1 019.059	1 036.984	1 494.620	1 520.909	3 249.216
-5	757.379	767.079	1 110.822	1 125.049	2 403.515
0	567.499	572.667	832.332	839.912	1 794.358
5	428.575	431.264	628.577	632.521	1 351.294
10	326.121	327.405	478.310	480.194	1 025.870
15	249.981	250.538	366.639	367.455	795.018
20	192.979	193.166	283.036	283.310	605.252
25	150.000	150.000	220.000	220.000	470.000
30	117.370	117.281	172.143	172.012	367.480
35	92.433	92.293	135.569	135.364	289.186
40	73.252	73.090	107.436	107.198	229.014

续表

Part Number	NCP□□ WL154	NCP□□ WM154	NCP□□ WL224	NCP□□ WM224	NCP□□ WM474
Resistance	150 kΩ	150 kΩ	220 kΩ	220 kΩ	470 kΩ
B-Constant	4 485 k	4 500 k	4 485 k	4 500 k	4 500 k
Temp. (°C)	Resistance (kΩ)	Resistance (kΩ)	Resistance (kΩ)	Resistance (kΩ)	Resistance (kΩ)
45	58.406	58.240	85.662	85.419	182.485
50	46.846	46.665	68.708	68.441	146.215
55	37.793	37.605	55.429	55.153	117.828
60	30.661	30.453	44.970	44.665	95.420
65	25.013	24.804	36.686	36.379	77.718
70	20.516	20.293	30.090	29.763	63.584
75	16.916	16.679	24.810	24.462	52.260
80	14.019	13.776	20.562	20.205	43.166
85	11.678	11.428	17.128	16.761	35.808
90	9.776	9.520	14.338	13.962	29.828
95	8.223	7.966	12.061	11.684	24.961
100	6.951	6.688	10.194	9.809	20.955
105	5.902	5.639	8.657	8.270	17.668
110	5.035	4.772	7.385	6.998	14.951
115	4.315	4.052	6.329	5.942	12.695
120	3.714	3.454	5.448	5.067	10.824
125	3.211	2.955	4.710	4.334	9.259

参考文献

[1] 谢文和. 传感器技术及应用[M]. 北京：高等教育出版社，2005

[2] 宋文绪，杨帆. 传感器与检测技术[M]. 北京：高等教育出版社，2004

[3] 苏红富. 传感器与遥控装置的制作[M]. 北京：人民邮电出版社，2012

[4] 王来志. 传感器技术及应用[M]. 西安：西安电子科技大学出版社，2015